中国古樟

安家成　李开祥　朱昌叁　主编

中国林業出版社

图书在版编目(CIP)数据

中国古樟 / 安家成, 李开祥, 朱昌叁主编. -- 北京 : 中国林业出版社, 2022.7
ISBN 978-7-5219-1671-3

Ⅰ. ①中… Ⅱ. ①安… ②李… ③朱… Ⅲ. ①樟树—介绍—中国 Ⅳ. ①S792.23

中国版本图书馆CIP数据核字(2022)第076541号

中国林业出版社·自然保护分社(国家公园分社)
策划与责任编辑：肖静

出版　中国林业出版社（100009　北京市西城区刘海胡同 7 号）
http://www.forestry.gov.cn/lycb.html　电话：（010）83143577
印刷　北京雅昌艺术印刷有限公司
版次　2022 年 7 月第 1 版
印次　2022 年 7 月第 1 次印刷
开本　889mm × 1194mm　1/16
印张　20.75
字数　310 千字
定价　280.00 元

编辑委员会

主编简介

安家成

男，二级教授、正高级工程师。现任广西“两山”研究院副院长、南方木本香料国家产业创新联盟理事长、广西香料香精行业协会专家委员会主任，曾任广西生态工程职业技术学院院长、党委书记，广西林业局党组成员，广西壮族自治区林业科学研究院院长，国家林业和草原局东盟林业合作研究中心主任，广西壮族自治区林业科学研究院樟树研究团队首席专家。长期从事植物分类与应用研究工作，先后主持和参加各类科研项目20余项，获省部级科研奖励3项、教学成果奖2项，取得授权发明专利4件、植物新品种权2项，命名植物新种2个，发表科技论文50余篇，主（参）编著作7部。

李开祥

男，二级教授级高级工程师。广西壮族自治区林业科学研究院副院长，兼任国家林业和草原局八角肉桂工程技术研究中心主任、广西木本香料工程技术研究中心主任。长期从事木本香料、林源药材等特色经济林资源培育利用研究，主持和参加国家科技支撑、公益性行业科研专项、948等课题30余项。获省部级科技奖励16项，取得授权发明专利38件、林木良种4个、植物新品种权2项，制订标准10余项，主（参）编著作7部。享受国务院特殊津贴专家，国家百千万人才工程人选，有突出贡献中青年专家，全国林业系统先进工作者，广西特聘专家，广西D层次人才。

朱昌叁

男，广西壮族自治区林业科学研究院高级工程师，主要从事经济林育种与栽培、森林培育、林下经济等研究，近五年来侧重樟树科研与推广工作。主持省部级科研项目3项，作为骨干参加各级科研项目20余项，获梁希林业科学技术奖1项，取得授权专利5件、植物新品种权2项，制订标准3项。已发表科技论文50余篇，其中，SCI收录2篇；主编专著1部，参编专著及大学教材3部。

“樟之盖兮麓下，云垂幄兮为帷”，樟树铺天盖地的磅礴大气，唐代诗人早已表现得淋漓尽致。樟树，不仅是文人墨客的乡愁情思，也是民俗民风的志异信奉，更是林业王国的传世珍品，素居“樟、梓、楠、椆”四大名木之首。樟树是一个古老的树种，出土化石中就有来自石炭纪的记载。李时珍在《本草纲目》中描述“其木理多纹章，故谓之为樟”，又因其木材含香，亦称“香樟”。樟树是樟科樟属的常绿树种，集珍贵木材、特用经济及园林绿化多种功能于一身，是我国重要的优良乡土树种。

作为林业工作者，每当看到古树，景仰之情、怀旧之思总会油然而生。一株古树，往往是一段历史的见证、一种文化的记录；一株古树，往往刻下自然的年轮、环境的变迁。透过一株株古树名木，可以领略这些“活文物”的博大精深。樟树，更是这些古树名木的翘楚。古樟多保存在村前屋后，寄托着一代代人的乡土情结、人文精神和历史传承。

福建省德化美湖有株福建樟树王，被评为中国最美古树之一。据《德化县志》记载，这株古樟植于唐代，当地尊之为“福樟”，每年都要举办“祭樟王”民俗活动。“沈郎樟”“马鞍樟”“文星古樟”等，每一株都流传着一段名人轶事。“路湾晋樟”“临海隋樟”“旸府宋樟”和“榜上古樟”等，每一株都凝固着一段厚重历史。“鸳鸯樟”“娘娘樟”“公婆樟”“卧龙樟”等，每一株都蕴藏着一段神奇传说。

势若华盖的树冠，高大虬龙的枝干，裂痕似甲的树皮，使得樟树成为中国最具人文色彩的树种之一，在一定程度上寄托着中华民族之精神、气质和风貌，被视为“长寿”“多子多福”“仁爱、不屈、谦逊精神”的象征，更被多地用作地名，如“樟树市”“樟木港”“樟木村”“樟溪”等。

樟树广泛分布于浙江、江西、福建、湖南、广西和台湾等地，古樟则零零散散留存于各地。此前，连各省（自治区、直辖市）对古樟树的整理调查都较为少见，全国性的古樟“大全”“宝典”之类更不敢奢望了。安家成教授带领的团队对樟树情有独钟，研究樟树十分执着，不辞劳苦、四处奔波、广搜资料、群策群力贡献出《中国古樟》一书，填补了这一空白。该书历时两年有余，根据相关记载和线索，分派人员前往分布区对古樟逐一调查、记录、拍摄，并将地方文化、志趣等悉心收集。集体心血和汗水结晶出的《中国古樟》，其整理编撰工作量之浩繁，可想而知；这项前无古人、填补空白的力作，价值之珍贵、意义之重大，不言而喻。全书资料翔实、图文并茂，林业与人文碰撞出绚丽火花、融合成文图精品，既具有科学性又兼具文化品位和阅读趣味。有理由相信，从事林业的科研人员和学生、植物爱好者、植物保护相关人员捧阅此书，必有所得；从事历史文化、人文文化和志异文化等研究的人员涉猎此书，亦有裨益。

在此著作付梓之时，以序为贺之。

中国工程院院士：

2022年1月

前言

回顾人类文明发展历程，人类对于自然由原始文明时的敬畏有加到工业文明时以“征服者”自居，导致了全球生态失衡、人类生存环境恶化和生态问题日趋严重，历史呼唤着新的文明时代的到来。这种新的文明即生态文明，是人与自然相互协调、共同发展的新文明。党的十八大以来，以习近平同志为核心的党中央把生态文明建设作为统筹推进“五位一体”总体布局和协调推进“四个全面”战略布局的重要内容，开展一系列根本性、开创性、长远性工作，提出一系列新理念、新思想、新战略，在新的发展阶段又提出了要把碳达峰、碳中和纳入生态文明建设的整体布局，生态文明理念正日益深入人心。生态兴则文明兴，坚持“绿水青山就是金山银山”理念，建设生态文明，站在人与自然和谐共生的高度来谋划经济社会发展，是关系中华民族永续发展的千年大计。

生态文明建设对新时期林业发展提出了更高要求，赋予了林业前所未有的历史使命。新时代的林业工作者，要在创新中奋力前行，积极践行“绿水青山就是金山银山”的发展理念，牢记林业人的初心，勇担建设生态文明的历史重任。

古树名木，是人类历史发展过程中保存下来的年代久远或具有重要科研、历史、文化价值的树木。在自然界的严酷竞争中胜出的古树，是生物多样性保护的重要组成部分，也是代表着区域植物最具典型意义的种类，展示了气候、水文、地理、植被、生态等自然环境因子的变迁，是真实历史信息的记录和传递者。同时，古树名木又是人类历史文化的传承者，见证着一座村庄或城市的发展历史，传递着一个地区古老的人文信息，承载着广大人民群众的乡愁情怀。古树名木是不可再生、不可替代的宝贵资源，具有极其珍贵的科研、人文、生态、社会和较高的经济价值，保护古树名木意义深远。

樟树 [*Cinnamomum camphora* (Linn.) Presl]，是集珍贵用材、特种经济及园林绿化等多功能于一身的乡土树种，其适应性强，经冬不凋，岁寒独秀，尤以长寿著称。长江流域及以南各地，凡生态环境、人文环境友好的村庄城镇，都保存着一株或多株承载着中华民族悠久历史文化的古樟。保护好一棵古樟树，就是贮藏一份优良的种质遗传资源、保存一件珍贵古老的“活文物”、维护一个平衡良好的生态环境、撰续一部自然与社会发展的史书，可以让历史文脉、悠悠乡愁在古樟树身上赓续延绵、世代传承。

鉴于国内尚未见到记叙古老樟树的专著，为促进古樟树的保护与利用、繁荣生态文化、助力建设生态文明，广西壮族自治区林业科学研究院樟树研究团队，根据相关记载和线索，以树龄大、树形雄壮优美、人文内涵丰富为基本要素，将祖国南方大地众多古樟的伟岸身影悉数收入镜头，同时悉心收集古樟的历史人文故事。《中国古樟》一书，用图文并茂的方式，以精美图片生动直观地展现出古樟树的神韵，展示其“精、气、神”，除介绍古樟的地点、坐标、海拔以及形态特征外，还着墨于古樟树相关的历史典故、人文故事，引领读者在浓浓的墨香里畅游祖国大好河山，欣赏古樟树的豁达和坚强，在阅读中追溯古意，触动心灵，找回与古樟相连的温馨美好记忆和割舍不下的绵绵乡愁。

为了在广袤的南中国大地找到具有优美自然特征、承载丰富人文内涵的古樟，我们开展了历时两年多、行程四万多千米的调查工作，历经江苏、浙江、安徽、福建、江西、湖北、湖南、广东、广西、海南、重庆、四川、贵州、云南、陕西、香港、澳门、台湾等省（自治区、直辖市），在调查过程中得到了所到之处省级绿化委、县（市）级林业部门、村庄父老乡亲以及众多敬樟爱樟热心人士的热情帮助，他们提供了许多有价值的线索。本书即将完稿之前，又邀请到中国生态文化协会理事吴世良书法家题写了书名。在此，我们对参与本次古樟树资源调查及为本书图片拍摄、编写、出版付出辛劳和努力的全体参与者一并表示衷心的感谢！鉴于我们的摄影技术、编写水平有限，本书可能还存在众多的不足之处，敬请读者批评指正。

编著者

2021年11月

目录

台湾月眉泽民树

第一章 樟树研究概况

一、樟树概况

樟树 [*Cinnamomum camphora* (Linn.) Presl]，又名香樟、芳樟、油樟、樟木、栳樟、臭樟、乌樟等，樟科樟属植物，是我国亚热带常绿阔叶林的重要建群树种。樟树天然分布于我国北纬10°～34°、东经88°～122°之间的热带和亚热带区域，是樟属物种中分布最广的一个种，常见于江西、浙江、江苏、安徽、福建、湖南、广西、广东、台湾、湖北、贵州、四川等省（自治区），大体以秦岭淮河为其北界，近年已逐步人工引种到河南南部、山东南部等北方地区。国外越南、朝鲜、日本也有分布，其他各国常有引种栽培。

樟树为常绿高大乔木，树高可超过50m，直径可达5m，树冠广展，枝叶茂密，气势雄伟，四季常青。其树皮灰褐色；叶互生，卵圆形或椭圆状卵圆形，坚纸质，离基三出脉，侧脉脉腋在下面有明显的腺窝，上面相应处明显呈泡状隆起；圆锥花序常在幼枝上腋生或侧生，有时基部具苞叶，多分枝，分枝两歧状，具棱角，总梗圆柱形，与各级序轴均无毛；花绿白色，花梗丝状，被绢状微柔毛；花被筒倒锥形，外面近无毛，花被裂片6，卵圆形，外面近无毛，内面被白色绢毛，反折，很快脱落；能育雄蕊9，退化雄蕊3；子房卵珠形，柱头头状；果球形；果托浅杯状。

樟树最先发表于1753年，由著名植物学家林奈命名为*Laurus camphora* Linn.，当时将该种置于月桂属下；奥利弗·阿特金斯·法韦尔（Farwell, Oliver Atkins）在1918年将该种归并至*Camphorina*属（中国不产）下；威尔特·波利卡普·约阿希姆·施普伦格尔（Sprengel, Kurt Polycarp Joachim）于1817年发表樟属*Cinnamomum* Spreng.，并于1825年将*Laurus camphora* Linn.归并鳄梨属下*Persea camphora* (L.) Spreng.；简·斯瓦托普鲁克·普雷塞尔（Presl, Jan Svatopluk）随后将其归并至樟属*Cinnamomum camphora* (Linn.) Presl，camphor即樟脑的意思，意喻该植物具有樟脑香味。

由于自身优良的材质特性及树叶、树根、木材、树枝等可供提取樟油、樟脑等医药和生物化工原料，樟树在用材、香料、医药、化工、生态和园林等领域都有广泛的应用。此外，因其适应性强、树形优美、寿命长、生物量大、固碳能力强等优点，成为南方许多城市绿化的优选树种之一。

随着社会的发展，樟树产品的市场需求逐步增大，经济价值日益凸显，导致资源遭到过度开发，天然林日趋减少，除村前室外的古樟树外，现存樟树资源不多且零散分布于次生阔叶林中。伴随天然林的禁伐，这种供需矛盾给樟树人工林培育与开发、资源保护等带来了新的机遇和挑战。

二、樟树研究概况

为了有效促进樟树的保护与开发利用，江西省林业科学院（国家林业局樟树工程技术研究中心）、广西林业科学研究院、南昌工程学院等机构的研究人员对樟树开展了一系列研究，除极少量涉及樟树的社会及文化价值外，大部分围绕樟树的自然科学与技术开展研究，如种苗培育、良种选育、栽培技术、采伐周期、木材材性、精油成分、分子生物学等，形成了比较完整的技术体系。

种苗培育：20世纪90年代，龙光远等对樟树的扦插繁殖技术进行了研究，确定了樟树扦插生根所需要的气温与空气湿度条件，并认为扦插成活的内因取决于插穗母树的年龄和营养生长状况等。曲芬霞等研究了生长激素、基质与时期等因素对扦插生根的影响，殷国兰、杨德轩等也为樟树的扦插育苗提供了方案。2007年始，龚峥、郑红建、周丽华、唐国涛、叶润燕等也纷纷开展了樟树的组织培养研究。目前，樟树苗木培育技术已经非常熟化，其中，组织培养被认为是解决樟树良种苗木来源的重要途径，是实现樟树产业化生产的基础。

良种选育：樟树人工林主要有材用林与油用林两种，根据不同的培育目的，良种选育的目标主要有速生种源、家系、优株以及特定化学型无性系等。广西、广东、江西、福建等樟树主要分布区一直都在开展种源、家系、单株的筛选研究，分别初步筛选出一批优良种源、优良家系和优良单株，加快了樟树优良种质无性开发利用步伐。目前，广西审定了广林系列的4个芳樟醇型无性系；江西选育出江龙系列4个右旋龙脑型无性系，赣芳系列3个良种、樟树‘赣柠1号’等获得省级审定；福建选育的MD1等多个芳香樟无性系也获得省级审定或认定。新品种培育方面，获得授权的有观赏类的‘涌金’‘霞光’‘焰火’香樟等，也有‘龙脑樟L-1’‘千叶香’‘洪桉樟’‘柠香’等特殊化学型的樟树新品种。江西农业大学进行了中国樟树初级核心种质取样策略研究，建议将种源-对数比例-最长距离法聚类-优先取样法作为构建中国樟树核心种质的优选取样策略。

栽培技术：随着樟树多种价值的不断挖掘，人们对樟树资源培育重视程度不断增强，樟树人工林的栽培研究日益加强。在立地选择方面，大多数引种试验和绿化造林试验证实樟树对立地条件要求不严，有较好的适应性，但向北方引种时仍需要关注导致黄化病的土壤问题。当然，良好的立地条件促进樟树材用人工林长势，土层厚度更大的下坡位樟树更容易成材，同时，立地条件对樟树的不同化学类型及不同部位精油产量与成分类型也能产生影响。营养调控方面，磷、钾肥提高枝叶生物量和产油量，但施钾肥不利于芳樟生长和出油率的增加，而微生物复合肥能促进芳樟油的产量，并提倡基肥穴施和追肥沟施。密度调控方面，造林密度应与生产经营的目标相匹配。以营造生态公益林产出贵重木材为目的，密度为1650株/hm^2；短周期芳香樟油用原料林采取矮化密植的经营模式，每年采收的油用香樟以密度5700株/hm^2较适宜；而4年轮伐的芳樟适宜经营密度为4400株/hm^2。营林模式方面，樟树与杉木等的带状混交造林生长优于纯林。

采伐周期：材用樟树的主伐年龄尚未能确定。研究发现，樟树整个生长期连年生长量与平均生长量多次相交，呈多峰状，包括第4年和第12年，且樟树到第44年时还未达到成熟年龄。油用樟树的采伐强度应为轻度和中度采伐（留桩25~35cm），最佳采伐时间为11月。

木材材性：樟树木材具有芳香气味，心材和边材区分明显，心材黄褐色，有光泽，是家具、建筑和工艺雕刻的上等用材。15年生香樟木材的气干密度属于Ⅱ级；差异干缩属于中等；品质系数高，为274MPa。

精油成分：樟树的根、木材、枝、叶均可供提取精油，其方法包括水蒸气蒸馏法、有机溶剂提取法、辅助萃取法、超临界二氧化碳萃取法、超声波辅助提取法、蒸馏萃取法等。不同部位精油成分组成和含量存在差异，运用气相色谱-质谱联用法等手段对获取的精油进行分析，国内外学者共分析鉴定出300 多种化学成分，包括萜类、烯类、醇醛酮类、烷烃类、酸和酯类、芳香类物质。目前，生产上应用的成分主要来源于树根和叶片，其中，樟树叶挥发油具有芳香、医疗和驱虫等作用，广泛应用于医药、食品、保健、香料和工业行业，是重要的生产生活资源。

分子生物学：樟树的基因组研究多数集中在系统进化学方向，代谢组研究则着重研究樟树精油生物合成途径。樟树精油的成分均为次生代谢产物，包括樟脑、芳樟醇、1,8-桉叶油素、异橙花叔醇和龙脑等萜类化合物，有关萜类物质的生物合成途径已被逐步阐明，即位于细胞质的MVA途径和位于质体DXP途径。CcWRKY转录因子可能参与樟树精油单萜类化合物芳樟醇的合成调控。*CcPMK* 基因、*CcMK* 基因等参与了樟树萜类成分的生物合成。

三、古樟树的保护价值

古树是长期以来适应自然生态环境的结果，是具有重要的科研价值和人文价值、具有极高保护价值的不可再生的自然遗产和文化遗产。樟树的寿命长、形态优美、历史人文信息丰富，是古树名木研究中关注度最大的树种之一。通过自然选择得以不断延续保存下来的古樟树，更是因承载着深厚的历史文化底蕴而成为珍贵的绿色瑰宝，素有“古文化”“活化石”“古文物”等称号，不仅是沧桑岁月的经历者、见证者，也将是新时代生态文明建设的重要参与者，具有不可估量的科研价值、人文价值、经济价值、生态价值以及社会价值。

科研价值：古樟树是自然变迁及社会发展的见证者，客观、准确地记录了大量历史信息，是连接过去与未来的纽带，是研究古自然史的珍贵资料。通过古樟复杂的年轮结构和生长情况，可以了解它所经历年代的气候和自然环境条件，追溯树木生长、发育的若干规律，推断一个地区千百年来的气象、水文、地质和植被的演变，这对考证历史和研究园林史、植物进化、生态学及生物气象学等具有重要的科研价值。

人文价值：古樟树也是悠久历史与文化的象征，具有浓厚的人文色彩，是一种不可再生的自然和人文遗产。古樟躯干高大、树冠势若华盖，历来受到众多文人墨客的关注，赞美古樟的诗歌词赋汗牛充栋。在历史发展洪流中，古樟树还承载着人们的乡愁情怀，成为众多公共记忆的特殊载体及寻根文化的象征意象。千百年来樟树所体现的仁爱、尊孝、谦逊淡然的人文精神，从一定程度体现了中华民族之精神气质和精神风貌，被人们广为崇尚。对这种人文载体的保护，在文化传承中有着独特的作用。

生态价值：正如诗句“下根磅礴达九州，上枝摇荡凌云烟”“舒枝散叶遮千尺，溢气生香驱百虫”描述的那样，古樟树姿雄伟、冠大荫浓，根系深且水平分布广，再加上寿命极长，四季常青，能吸烟滞尘、涵养水源、固土防沙和美化环境。所散发出的松油二环烃、樟脑烯、柠檬烯、丁香油酚等化学物质还可净化空气，杀菌驱虫，舒缓情绪，沁人心扉，对环境的改善作用显著。不管是公园还是村落的古樟树下，常见人们聚集纳凉、休闲。古樟树已成为城乡绿化、美化、香化的一个重要组成部分，生态价值极高。

社会价值：古樟树的社会价值主要体现在民俗风情中，是民俗文化的重要载体。我国浙江、江西、广西、湖南、福建等省份多地区都传承着对古樟树的崇拜与敬畏之情。屹立于古镇、古村落里历史悠久的古樟树，被视为“神树”“风水树”“龙脉树”，是村庄的镇村之宝，当地群众祭樟、拜樟、祈福，以樟为荣，以樟为贵，用“樟”字命地名人名。例如，福建德化县小湖村每年四月都会举行“祭樟王”，这是一年中最热闹的民俗活动。近年来，樟树的文化符号价值迅速飙升，除成为赣、浙两省的省树外，还被皖、湘、桂等省（自治区）众多地级市选作市树，成为当地的名片及文化内涵的有机组成部分。

经济价值：古樟树阅尽了世间风云，经历了沧桑巨变，以极强的适应能力和抗逆性能力，保持着郁郁葱葱、枝繁叶茂、形如大伞的姿态，这是自然选择保留下的珍贵优良基因资源，具有繁育出抗耐性好、适应性强等优良品种或品系的巨大潜力，经济利用价值较高。另外，古樟树也是森林旅游的重要资源，人们借助古樟树的名气，将一片古樟林甚至一株古樟打造成为风景点，或者打造樟树主题公园，让其变身为旅游的重要资源，提升乡村旅游形象和品牌，助推乡村振兴，为当地经济发展提供新动能。

加强对古樟树的保护，就是弘扬生态文明意识，是推进生态文明建设、促进人与自然和谐的必然要求，是传承优秀历史文化的迫切需要，是保护生态资源、维护生物多样性的重要举措。近年来，我国非常重视古树名木的研究和宣传工作，颁布了一系列有关的法规文件，全国各地在古树资源调查、保护、抢救复壮、价值评估、健康监测和管理平台、人文历史等方面的研究逐渐增多。相信只要坚持秉承“绿而美、绿变金”的发展理念，在保护好古树名木的基础上，合理利用以古樟树为代表的古树名木资源，这些“活文物”将在促进生态文明建设和经济社会协调发展的历史进程中发挥越来越大的作用。

福建考亭抱佛樟

第二章 樟树的历史文化

樟树承载着古老的历史文化。樟树相关文献至少可以追溯到两千多年前。早在西周时期（公元前1046至公元前771年）的大篆中就出现了“章”字，据《周礼·考工记》“青与赤谓之文，赤与白谓之章”，樟树因木材纹理赤白相间，最早被称为“章”也是“顺理成章”的，后来加了个偏旁“木”而成“樟”。在古文典籍中“豫章”并称，因“樟”和“章”相通用，则“豫章”亦作“豫樟”，为枕木与樟木的并称。正如唐张守节《正义》中考证：“豫，今之枕木也。章，今之樟木也。二木生至七年，枕樟乃可分别。”上古奇书《山海经》载：“蛇山其上……多豫樟”“玉山……其木多豫樟”等；战国文献《墨子·公输》有“荆有长松、文梓、楩、枬、豫章”之句；先秦文献《尸子》有“土积成岳，则楩柟豫章出焉”之句。这些文献资料反映了古人对樟树生物学、生态学的初步认识。

“章”的字体演变

《周礼·地官·大司徒》载：“大司徒之职……设其社稷之壝而树之田主，各以其野之所宜木，遂以名其社与其野。”除作为社神凭依或代表的树木外，樟树还被用来命名了众多地名。例如，江西秦时名为九江郡，汉高祖六年（公元前201年）改为豫章郡。东汉班固《地理志》载：“豫章郡，城南有樟树，长数十丈，立郡因以为名。”还有县乡级的地名，例如，著名药都江西樟树市、广东东莞市樟木头镇、广西贺州市昭平县樟木林镇、湖南衡阳市衡阳县樟木乡、江西上饶市玉山县樟村镇等20多个。以樟树命名的村、屯、组、社区、路等则不胜枚举，几乎到处可见，数量极为庞大。众多的先民们不约而同地以樟树命名自己的家乡，既反映樟树分布地域广，也证明樟树在先民们的生活中扮演着重要角色，承载着丰富的文化内涵。近年来，浙江杭州与义乌、江苏张家港与无锡、安徽马鞍山与安庆、福建漳州、湖南长沙、湖北鄂州、江西南昌、广西贺州与来宾、广东韶关等近40个地级市将樟树定为市树，认可樟树所代表的历史文化底蕴。

相传虞舜时代已有人工栽植的樟树。清乾隆年间《南岳志·物产》载：衡山舜洞下田陇有削壁，镌“舜樟”二大字，传说此处旧有大樟，为虞舜所植。光绪年间的《重修南岳志·物产》载："舜樟，引汉王逸《机赋》，所谓'南岳之洪樟'是也。"可惜舜樟现已不存在。晋张华《豫章志》："新淦县封溪有聂友所用樟树残柯者，遂生为树，今犹存，其木合抱。始倒植之，今枝条皆垂下"，则为目前发现记载人工栽植樟树的最早文献。

樟树的生命力极强，经冬不凋，岁寒独秀，尤以长寿著称，自汉唐至今，有较明确文献记载并留存至今的千年古樟遍及长江流域及以南各地。在认识、栽植和保护利用樟树的漫长岁月中，樟树逐步由单纯自在之物向具有社会性的事物转化，以古樟为载体，逐渐形成了具有丰富内涵和珍贵价值的樟树文化，渗透到国人社会文化生活的方方面面，演化成了中国传统文化的重要组成部分。樟树文化包括了物质、精神及制度等层面。

一、物质层面的樟树文化

作为一个古老的树种，樟树在人类出现之前已经分化形成。距今约7000年的浙江河姆渡遗址考古发现，樟木是田螺山遗址最重要的建筑用材，从此开启了我国劳动人民对樟树开发利用的漫长历程。物质层面的樟树文化主要包括了樟树的木材利用、医药价值、香料化工利用、景观美学等多方面。

（一）樟树的木材利用

樟树木材巨大，材质优良，重量与硬度适中，具备良好的加工及工艺优势，同时具有耐腐性强，耐水湿，韧性及弹性好，有香气并能驱避虫害等特点，是高级建筑、棺椁、造船、雕刻和贵重家具等的理想用材。

我国古代文献中对樟木的利用记载甚多。西汉刘安《淮南子·修务训》载："楩柟豫章之生也，七年而后知，故可以为棺舟。"南朝梁任昉《述异记》、唐代诗人元稹《谕宝二首》、白居易《寓意诗五首》多处提到樟木用于宫室营建。樟木还可作棺椁，并为王公贵族所尊享。唐段成式《酉阳杂俎》载："樟木，江东人多取为船，船有与蛟龙斗者。"出土古船实物中的江苏武进汉船、山东平度隋船则证实樟材在造船中的使用。

樟材自古以来也是雕刻工艺、贵重家具的首选材料，民间多用樟树的木材、树蔸和根系制作上等的木雕和根雕艺术品，还包括了从床柜箱桌到几案架凳的家居产品，以及各类浮雕壁挂和摆件等。例如，国内著名的潮州木雕与东阳木雕多以樟木为材质，樟树市的樟木雕刻则专一以樟木为材质，近年福建莆田等还选用大型樟木精雕来立体展示名画《清明上河图》。至近现代，雕花樟木箱获得境内外更广泛的认可，成为达官贵人和华侨富商卧室家具的宠儿，1948年香港总督将雕花樟木箱列为英国女王的结婚贺礼之一。无独有偶，中国国家主席习近平2015年访问英国时，赠送给英国女王的东阳木雕《寿比松龄》，其底座即为樟材，时隔67年之后，女王再次领略到樟木的香气。樟材名列"楠、樟、梓、椆"江南四大名木是名副其实的。

（二）樟树的医药价值

河姆渡遗址内发现有人工采集堆积的樟树叶片，推测先民们有可能把樟叶作为防病驱虫的药材来使用。樟、樟木或樟材作为医药的记载始见于唐代陈藏器编撰的《本草拾遗》，其《证类》云："樟材主……心腹痛……霍乱腹胀……江东舸船多是樟木所取扎用之，弥辛烈者佳。"明代李时珍《本草纲目》则载："樟材气味辛、温、无毒，主治恶气中恶、心腹痛鬼疰、霍乱腹胀、宿食不消、常吐酸臭水；煎汤，浴脚气疥癣风痒；作履，除脚气。"樟树提取物中的樟脑作为药物使用已有近千年历史，始见于宋代杨士瀛《仁斋直指方》，樟脑可治疥疮，明代刘文泰《本草品汇精要》则详实地记载了樟脑提取的升华法。

新中国成立后，南方各地收集本土民族的民间药方并编印出版，其中不少涉及樟树的药用功能，如《贵州民间方药集》《贵阳民间药草》《四川中药志》《湖南药物志》等。据《广西民族药简编》记载，广西各少数民族也使用樟树的根（或根皮）、茎、叶、果实入药，可治胃痛（壮、瑶、京族），风湿痛（壮、毛南族）。

现代科学研究表明，樟树叶片、树皮、根皮、花、果、种子中含有樟脑、芳樟醇、龙脑、月桂烯、柠檬醛等100多种药用成分。其中，樟脑进入动物体内形成的水溶性代谢产物——氧化樟脑，具有明显的强心、升压和兴奋呼吸的作用；柠檬醛具有抑菌、抗血小板凝集、诱导癌细胞凋亡的作用；而龙脑（冰片）的镇痛机理研究已深入到分子药理学水平，彰明了其相关蛋白的定位及激活过程导致疼痛神经信号传递被抑制，让人在主观感受上减轻疼痛，从而起到镇痛作用。

（三）樟树的日化利用

樟树的内含物还是香料及各种化学工业的宠儿。最初提取使用的樟树内含物为樟脑，除医药价值外，樟脑还可以用于卫生方面，发挥其消毒、防蛀和防臭等多方面的功能，包括制作樟脑球、卫生香、礼佛香、驱蚊香等。近代化学工业奠基后，樟脑又成为重要的化工原料，可用来制造赛璐珞、软片、假象牙、皮革、纽扣、香水、假漆及绝缘体等化工产品，军事上用作无烟火药稳定剂。因樟脑的应用日益广泛，需求量日增，英国甚至还发动了“樟脑战争”来掠夺我国闽台等地的樟脑资源。可见，以樟脑为代表的樟树内含物在近现代社会生活产生了非常巨大的影响。

樟树的枝叶、树干、根系、花果皆含芳香油（精油），随着提取分离技术的进步，樟树体内的其他成分，包括芳樟醇、丁香酚、龙脑、香叶醇、桉叶油素、黄樟油素、松油醇、柠檬醛等的功能价值被人类挖掘出来，并广泛地用于香精香料、医药卫生、食品、保健、日用化工和生物农药等行业，成为现代人日常生活中密不可分的必需品。

（四）樟树的景观美学

樟树拥有旺盛的生长力，树姿优美，终冬不凋，岁寒独秀，观赏性极佳，并且樟香浓郁，具有驱虫、防虫杀菌的功能。自古以来，樟树就是我国南方村庄、宅院、道路、水边最好的风景林树种之一，也是南方村镇和城市绿化的优良树种。古樟入景更是形神兼备、韵味悠远。“形”在于其高大雄伟、四季绿意葱茏，历经千百年的风雨，古樟尤其显得饱经风霜、苍劲古拙，具有很高的观赏价值；“神”在于其蕴含丰富的自然文化内涵，是自然、人文、历史变迁的见证，充满历史韵味。

很多地区在发展旅游业时，把区域内的古樟作为重要组成部分，一株古樟即为一景点，古樟成林则借机建设樟树公园，围绕着古老的大樟树强化宣传，引来游人如织。甚至借古樟名气开发一整条旅游线路，如江西大力开发乐安县牛田镇的“中国第一古樟林”、安徽新安江山水画廊景区将“天下第一樟”列为最重要景点、“中国樟树之乡”江西安福县着力打造“百里香樟画廊一日游”，古樟成为健康旅游热门线路中的热点。

二、精神层面的樟树文化

樟树具有较高的实用价值，外观优美又兼具长寿特性，于是它们不可避免地进入了古人的人文精神世界，几乎所有的古樟都在见证一段悠久历史，承载一个美好而神秘的故事，展示一种奋发上进的精神。在朝夕相处、相邻为伴及长期的民俗传承中，古樟树身上演绎并积淀了丰富多彩的樟树文化，成为中华传统文化和森林文化的重要组成部分。精神层面的樟树文化包含了自然崇拜、民俗文化、品德与情操、文学艺术等，内涵丰富，至今仍受世人广为崇尚。

（一）樟树的自然崇拜

原始社会时期，由于认知水平及生产力发展水平等原因，信奉“万物有灵论”的先民们对于高大且长寿的樟树也产生了敬畏的心理，认为古樟可以主宰着人们的祸福吉凶，将其神化并加以崇拜。

历代文献中神化并崇拜樟树的记载甚多。古代人将樟树的荣枯视为兴衰祥灾的征兆，先有汉代东方朔《神异经》载：“东方荒外有豫樟焉，此树主九州，其高千尺，围百尺，本上三百丈。本如有条枝，敷张如帐。枝主一州，南北并列，面向西南，有九力士操斧伐之，以占九州吉凶。斫复，其州有福；迟者州伯有病；积岁不复者，其州灭亡。”一株大樟树与一州之主乃至于全州祸福相依。其后，《晋书・五行志》《搜神后记》及《豫章记》等古书都记载有樟树的灵异故事。明清时期的南方地方志书中樟树为神为鬼的记载甚至更多，如明代《清江县志》载曰：“土产以樟为最，樟之最大者，居人或作神祠其下，以防剪伐。人家所植，多以树之荣茂为兴徵。”古老的樟树具有神异功能，可主宰人间福祸，民众崇拜之则庇福避灾，损毁之则灾祸降临。也有把古樟树视为卜年树，枝叶茂秀兆百业兴旺，叶枯枝断则五谷无收。

除汉族外，壮族、彝族等少数民族也崇拜樟树神，禁止摘叶取果，经常加以祭祀，奉若神明。在壮族的神话传说中，樟树还是宇宙开辟时最早出现的树木，有顶天之功。樟树也可能成为少数民族崇拜的对象，正如广西忻城的被戏称为“最色古樟”的公性神树，那造型奇特的树枝，象征着无穷的生命力而被当地壮族村民祭拜。

现今，人们崇拜樟树神仍有遗存。湖北阳新的社主古樟、江西萍乡的樟树大帝、福建厦门的公婆樟、湖南新化的沧溪古樟、广东中山的社稷古樟，至今仍在“享受”信众们年复一年的祭祀。而附会太多神鬼说辞的古樟，如江西乐安的“三仙樟”与“阎王樟”、浙江宁波“凤凰樟”等，在科学昌明的今天不再有人祭祀，只留下古老的传说任人凭吊。

（二）樟树的民俗文化

随着岁月的流淌，对古樟的自然崇拜演化为民俗，人们把樟树当作健康、平安、长寿、美满的象征而加以崇拜和祈求，如寄拜古樟为父母祈求平安顺利、敬奉古樟为神医祈求健康长寿、祭拜鸳鸯樟诉求婚姻美满，等等，作为一种民俗融入了村民信众的日常生活中，演绎形成了丰富多彩的樟树民俗文化。

民俗中，古樟树具避邪、庇福、长寿及吉祥等寓意，让婴幼儿寄拜樟树为契母、契父或“树爷爷”，期望他（她）像樟树那样长命百岁。认“契”古樟的风俗从东边的江浙到西边的川渝、从南边的两广到北边的湘鄂都有流传。这种习俗除了祈求古樟保护以免除各种灾难外，还含有希望孩子以后能够像樟树那样长命百岁和“文理成章”的吉祥意义。沧溪古樟、东溪古樟、毕浦娘娘樟、严田天下第一樟、杜溪神樟等，是现代人仍奉行认“契”古樟风俗的活生生例子。

因樟树本身具有医药价值，民俗中还演化出古樟化身仙人亲自参与治病救人的志异信奉。如本书中温汤古樟，化身为开药铺兼行医的老者，瘟疫肆虐流行时以其良药和妙术救活了许多百姓；东浒神樟亦曾化身郎中云游湖南治病救人。人们建立了庙宇供奉和纪念樟树救命之恩，将古樟奉若神明，逢年过节都会点香见拜，祈求保佑一方平安。这类民俗的流传，反映了人们祈求平安、康宁、长寿等方面的心愿。

在江浙一带的民俗中，古樟还“兼职”管起了人间的婚姻事务，人们通过祭拜古樟来诉求婚姻美满、白头偕老。如奉化溪口的鸳鸯樟，两株樟树根部相连，融为一体，历千年而相依相靠，常有夫妻到树下虔诚祈福，期望如同古樟一样爱情忠贞、牵手永远。桐庐金谷山上的古樟，常有村民在结婚前到树下祈福，以求白头偕老、婚姻美满。至于普陀山上的千年神樟，前殿广场一排栏杆铁链上挂满锈迹斑斑的无数同心锁，似乎要请古樟见证永结同心、海枯石烂的决心与虔诚。

（三）樟树的品格与情操

古樟树多数历经千年仍苍劲挺拔、树冠如伞势若华盖、虬枝如龙柔中带刚、枝繁叶茂且四季常青、雷击火烧不死而绿芽常萌，人们除把古樟树作为健康长寿的象征外，人们还赋予其智慧、祥瑞、傲岸不屈、正直无私、高贵典雅等诸品德，认为樟树具有和谐尊孝的美德、仁爱豁达的精神及谦逊淡然的操守，使其成为中国最具人文色彩的树种之一，赢得历代人民的尊敬与崇拜之情，在一定程度上寄托着中华民族之精神、气质和风貌。

有樟必有才，古人将樟树喻为贤才的代称，又将其视为科第吉兆的象征。正如明代李时珍《本草纲目》所说：“其木理多文章，故谓之樟。”以文喻樟，雅韵悠远而明其理；以樟喻文，才高意深而耀其纹。唐李延寿《南史·王俭传》载：“宰相之门也，栝、柏、豫章，虽小已有栋梁气矣，终当任人家国事”，认为王俭是如同樟与栝（圆柏）、柏（侧柏）一样的人，是理想贤才之能人，是要担当国家大事的。樟树也是科第吉兆，福建芹洋樟树王化身秀才参加乡试，报喜官差只能将喜报贴到树上；福建美湖樟树王则化身为老翁为章、林二秀才指点迷津，助两人科举高中，其后乡民在樟树旁建庙并定期举办祭樟树王活动。

樟树既寓意着有才，还有风骨、风华。江西安福松田村有一片“状元樟”，据说为明代名臣彭时之父所植，希冀儿子夺魁，后果遂其意。高中状元的彭时离家赴任前又亲手栽下了几棵樟树，用樟树苍劲挺拔、傲岸不屈的品格以自勉明志，其后历仕多朝而官至内阁首辅，为有明一代名臣。湖北通山吴中复时称铁面御史，晚年遭贬还乡后也栽下不少香樟，并以樟树的风骨自况。清代詹成圭经营墨业致富后，回婺源虹关栽植樟树，数十年后玄孙詹应甲在乾隆南巡时召试献赋，钦取二等并赐绮，村人乃以风华正茂命名屋前巨樟，曰“风华樟”。

樟树还被古代人视为盛德、清廉的象征。汉代《礼纬・斗威仪》称：“君政讼平，豫章常来生。”清施洪保《闽杂记》载：“光泽县署大堂庭中左右两樟树，皆数百年植也。平时鸟雀不集，为官清廉则有两只白鹤来巢伏子。官将去任，则先数日携其雏去。”明代《溧水县志》载：“中山之麓樟树枯而复荣，时令为政清廉，邑人以为德感。”清初《德化县志》载：“县廨后山有樟大围丈许，枯已数年，忽枝叶秀茂，合邑以为令姚迟爱民之祥。”江西分宜防里村欧阳家族更是以“清门”自许，历代获得科举功名者在村前阁下大洲种上一棵樟树，告诫自己为官则勤政为民、清廉正直，为民则安贫乐道、不媚权贵，正如所植樟树一样，具有傲岸的风骨，维护祖辈清廉的形象。

樟树也是世外隐逸高士的象征。宋《太平御览》引《高士传》曰：“尧聘许由为九州长，由恶闻，洗耳于河。巢父见，谓之曰：豫章之木，生于高山，工虽巧而不能得，子避世，何不藏身？”又引《新语》曰：“贤者之处世，犹金石穴于沙中，豫章产于幽谷。”众多洁身自好、超凡脱俗之士的灵魂，在古樟树的滋养下变得丰盈、充实。

樟树，也是宋庆龄生前最喜爱的树木。樟树四季常青、挺拔坚韧、幽香沁脾，无论外形还是内质，都彰显着宋庆龄这位二十世纪举世闻名的伟大女性的人格魅力、高尚品德。中国福利会还设立“宋庆龄樟树奖”，以表彰继承和发展宋庆龄毕生关怀且从事的妇女儿童事业，并在该领域作出杰出贡献的工作者。小学课文《宋庆龄故居的樟树》，很好地表达了人们对宋庆龄的崇敬和怀念之情。

歙县天下第一樟、分宜防里古樟、婺源虹关古樟、考亭抱佛樟、尤溪沈郎樟、德化樟树王等，一定程度上代表着中华民族之精神、气质和风貌，人们去树下观瞻，必定会有一番感慨。

（四）樟树的文学艺术

历代文人墨客、能工巧匠常以樟树为载体吟诗作赋、挥毫泼墨、吹影镂尘，创造了大量与樟树、樟材相关的文学艺术作品，这些作品被创作者赋予了深邃的文化内涵、寄托了美好的品德情操，因而积淀了深厚而鲜明的文化色彩，成为源远流长的中国历史文化的活化石。

历代以樟树（豫樟、豫章）为对象的诗歌词赋数不胜数。诗歌方面，较早有南北朝到洽的《答秘书丞张率诗》：“豫樟之生，谁能先识。山衡野虞，偶知所植”；唐代白居易、杜甫、元稹、沈亚之，宋元罗公升、王恽，明清叶颙、陈谟、朱彝尊等都有佳作。元稹《谕宝二首》：“豫樟无厚地，危柢真卼臲。千寻豫樟干，九万大鹏歇”；沈亚之《文祝延二阕・酬神》：“樟之盖兮麓下，云垂幄兮为帷”，对古樟的描画尤其令人难忘。辞赋方面，唐代敬括《豫章赋》赞美古樟：“根坎窞，彗天纲；郁四气，焕三光。矗缩云耸，离披翼张；一擢而其秀颖发，七年而其材莫当。”宋代祝穆因爱樟而自号“南溪樟隐”，并作《南溪樟隐记》刻画古樟形象：“老根盘踞，高突地上，如巨石礧砢”。民国年间甚至还有一本专赞虹关古樟的诗集《古樟吟集》，收录了吟诵虹关古樟的诗词、文章50余篇，在全国也十分少见。这些诗歌辞赋，或描述樟树于恶劣环境中立地顶天，或赞美樟树的形姿之美，或称颂樟树的神姿和品性，或借樟树之形神来表达作者的心境。

在观潮胜地杭州富阳山下，有一处名为樟亭的小地方，李白曾“挥手杭越间，樟亭望潮还”，白居易在“富阳山底樟亭畔，立马停舟飞酒盂”，毛奇龄“樟亭一别万山凋，隔岸思君对海潮”。可谓汗牛充栋的诗词，让一座因樟而得名的小小亭阁名垂千古。元代倪瓒《六君子图》描画了江南秋色中的樟、楠等六种树木，黄公望题诗云：“远望云山隔秋水，近有古木拥披陀，居然相对六君子，正直特立无偏颇”。以樟树喻君子，表达了诗画作者对如樟树君子一样“正直特立”高风的崇尚。

因樟木可以防虫防蛀、驱霉隔潮，收藏字画的箱子最好为刷漆的樟木箱，箱内放入适量的樟脑丸或粉剂，效果更优。利用香樟木上述特性，浙江开化县农民书画室直接利用香樟木创作出“马金香樟画”，一时名声远播。

三、制度层面的樟树文化

巨大雄伟的古樟在村前屋后顽强生长，在人类的生存和生活中发挥了重要作用，人与古樟之间的关系如何？制度层面的樟树文化指人与樟树的互作与实践中形成的各种社会规范。作为精神文化的产物和物质文化的载体，制度层面的樟树文化一方面构成了人类保护古樟树与古樟树共存的行为的习惯和规范，另一方面也影响了樟树精神文化与物质文化的发展与变迁。制度层面的樟树文化包含了樟树培育保护的理念、樟树采伐利用的制度。

（一）樟树培育保护的理念

中国传统风水理论追求“天人合一”，认为“藏风”“得水”“乘生气”是理想的人居环境，先民们很早就认识到林木植被在防止水土流失、调节小气候方面的功能，培育并保护樟树等树木作为风水林成为改善并美化人居环境的常见方法。为充分保护风水林，历代除通过宗法族规严格保育外，还赋予了风水林特定的宗教意义和迷信色彩，其长势被当地民众视同村落盛衰凶吉的表征，培植和保护风水林成为村民的神圣职责和普遍行为，风水林神圣不可侵犯。

常年枝繁叶茂的樟树具有寿命长、用途广等特征，人们很自然将樟树视为重要的风水林树种，江南各地都有“前樟后楝”“前樟后朴”的说法，即宅前要种樟树，宅后要种楝树或朴树。因樟树“舒枝散叶遮千尺，溢气生香驱百虫”，祖祖辈辈的村人喜欢在樟树下纳凉、说地谈天、分享各种各样的传说故事，古樟树下也是全村活动中心、文化发祥地。为防止顽童或外来人折损风水古樟的枝叶，一些村庄除流传神秘的志异信奉故事来保护古樟外，还会制定一些强制性的宗法族规来明确对古樟的崇奉与保护，甚至由官府出面刻立禁碑（奉官示禁碑）。口头流传的神话、白纸黑字的宗法族规与刻石纪法的禁碑，逐渐演变成约定俗成的民间习俗，当地人与古樟建立起和谐的人树关系，江西金滩古樟林、安徽荃村夫妻樟、江西防里古樟、湖南丹砂古樟、广西大河背古樟等，都获得充分的保护。

人们还根据樟树的生长情况来判定地气优劣，大樟树生长旺茂之处是优先选址建村的，古人相信大樟树生长之处当然是一方风水宝地。本书中的湖北八斗古樟、江西虹关古樟、江西严田天下第一樟、湖南新园古樟、广东安口古樟、广东龙岗古樟、广西榜上古樟等，都是先有大樟树后建立村庄。正如四川遂宁出生的清代名臣张鹏翮《大樟祖居》诗曰：“柏沟樟树荫茅庐，始祖由来卜此居。三派辛勤躬稼穑，百年清白事诗书。宅心忠厚贻谋在，传世淳良积庆余。佑启后人培福德，莫忘高大耀门闾”，大樟树还寄托着祖先的殷切期望。古老大樟树获得人们的认可并勤加爱护也就顺理成章了。

（二）樟树采伐利用的制度

我国是世界上最早针对林业生产制定法规的国家。《周书・大聚篇》曰：“旦闻禹之禁，春三月，山林不登斧，以成草木之长。”《周礼・地官司徒》设“山虞”以掌山林之政令并规定：“仲冬斩阳木，仲夏斩阴木，凡服耜斩季材，以时入之”，设置专职官员并对林木采伐的时机与类型进行了明确规定。除建章立规外，古人还将林木采伐与道德联系起来，劝导官僚及百姓保护林木等自然资源，例如，《礼记・祭义》载：“曾子曰：‘树木以时伐焉，禽兽以时杀焉。’夫子曰：‘断一树，杀一兽，不以其时，非孝也’。”正如《孟子・梁惠王上》曰：“斧斤以时入山林，材木不可胜用也”，古人强调要遵循自然规律，取之有时，用之有度，以保证林业资源的可持续发展与利用。

因材性优良，樟树木材受到统治者的厚爱。《后汉书・王符传》：“今者京师贵戚，必欲江南檽梓豫章之木。边远下士，亦竞相仿效。”因缺口越来越大，严格的法规及礼制被制定出来，樟木等珍贵木材仅限用在帝王及王公贵族的宫室、棺椁，以缓解森林资源的衰竭进程。

高大樟树为帝王宫室专用的栋梁之材。南朝梁任昉《述异记》：“豫章之为木也，生七年而后可知。汉武宝鼎二年，立豫章宫于昆明池中，作豫樟木殿。”唐姚思廉《陈书》曰：“侯景之平也，火焚太极殿，承圣中议欲营之，独阙一柱，至是有樟木大十八围，长四丈五尺……起太极殿。”明初北京紫禁城营造时亦用到巨大樟木，清吴其濬《植物名实图考》：“神木厂有樟扁头者，围二丈，长卧四丈馀。”违反礼制擅用樟材是被严厉禁止的，北宋欧阳修《新唐书》：“吕如全历内侍省内常侍、翰林使，坐擅取樟材治第，送东都狱，至阌乡自杀。”高官因“擅取樟材治第”获罪乃至于自杀，是一个很典型的例子。

樟木可作棺椁，仍规定仅王公贵族尊享。南朝（宋）范晔《后汉书・礼仪志》：“诸侯王、公主、贵人皆樟棺，洞朱云气画。公，特进樟棺黑漆。”南朝（梁）沈约《宋书・礼志二》：“宋孝武大明五年闰月，皇太子妃薨。樟木为榇，号曰樟宫。”唐杜佑《通典・卷八十六》：“后汉制，诸侯王、列侯，樟棺黑漆”。

江西严田天下第一樟

广东龙岗天下第一樟

中国第一古樟群

第三章 中国古樟树鉴赏

一、华东古樟树

华东地区包括沪、苏、浙、皖、闽、赣、鲁等省（直辖市），地形以丘陵、盆地、平原为主，其淮河以南为亚热带湿润性季风气候，十分适合樟树的生长，保存着丰富的古樟树资源。其中，江苏古樟集中分布于苏州市的太湖西山岛上，安徽古樟主要集中在皖南山区，浙江、福建、江西三省的古樟树遍布全省，浙江、江西甚至将樟树选为省树。植樟、爱樟、护樟是华东自古以来的优良传统，挺拔苍翠的巨樟星罗棋布，历史人文故事流传久远，本书精选江苏3处、浙江16处、安徽6处、福建14处、江西19处的古樟树予以介绍。

◇ 华东乐安“中国第一古樟林”

长江二级支流牛田河贯穿江西乐安县西南部的牛田镇，缓缓西流，其中，流坑片区内的一段叫乌江，河曲风光十分迷人。镇内分布着我国规模最大的古樟林，号称中国第一古樟林。樟林沿乌江两岸呈块状分为16个小群落，面积1100多亩①，林内古樟树龄多在200～800年，多数为明代和清代先人所植，总数达2907株，其中，国家一级古树288株。远望古樟林一带，浓荫覆盖，水村山廓，如诗如画，堪称江南绝景。步入林中，莺飞草长、鸟语蝉鸣，令人神清气爽，情趣横生，如入仙境。乌江两岸延绵数十里②的古樟群落与流坑、水南、连河等古村相依近千年，形成了树在村中，村在画中的江南乡村美景。牛田古樟林的面积之广、古樟之多、树龄之长、环境之美、长势之茂全国仅有，“中国第一古樟林”实至名归，已于2016年成功入选上海大世界基尼斯之最，被认定为“规模最大的古樟林——中国第一古樟林”。

乌江两岸是一大批拥有悠久历史、繁盛人文景观、丰厚文化遗存、优美自然环境的古村落，流坑村更是被誉为“千古第一村”，唐代贞元年间就有邬、周、王、毕等姓在此开基创业，有遗址及古坟、书院、古宅和庙宇等，培育了一批显达名宦、博学鸿儒，著名的有元代教育家夏友兰、清代武举丁浩、明代进士张纯等，也是唐朝开元名相张九龄、明代状元曾棨的祖籍地。

① 1亩=1/15hm^2。以下同。

② 1里=500m。以下同。

◇ 江苏西山明月湾唐樟

明月湾古村位于太湖西山岛南端，地形宛如一钩明月，相传春秋时已形成村落。《苏州府志》记载："明月湾，吴王玩月于此"，古村由此得名。明月湾历史悠久，风景秀丽，自古以来就是文人雅士的向往之地。据传，白居易、皮日休、陆龟蒙、刘长卿、贾岛、黄庭坚、王世贞等著名文人都留下了诗文。明月湾古村最重要的标志景观是一株高大的古樟树，相传是唐代诗人刘长卿陪同陆羽来西山考察茶叶时种下的。如今枝叶茂密，树冠广展，如伞似盖。古樟一侧因雷劈火烧已成枯木，幸由另侧发新枝大树才得以生长，人称"爷爷背孙子"，妙趣天成。树身斜向东侧的古村，似乎是在作揖感谢村民千年多来对它的精心呵护。

日本侵华时期，古樟曾多次面临被砍境遇，西山恶霸秦磐石、歹徒杨河根等，都曾经以砍树为要挟，勒索钱财，皆被村民舍命救下。现树身底部还能看到有个锯痕。千年的古樟见证了千年的历史，见证了古村千年的文化，现仍像绿色的巨人一般守护着明月湾古村的日日夜夜。

◆江苏省苏州市吴中区西山镇明月湾古村；东经120.2703°，北纬31.0692°，海拔10m。
◆树高17.0m，胸径2.12m，平均冠幅20.5m。
◆种植于唐朝大历年间，至今树龄超过1200年。

◇ 江苏西山藤樟交柯

苏州市吴中区金庭镇秉常村有一座名刹，名为“古罗汉寺”。古寺旁为罗汉溪，两株高大古樟依溪并列，一株苍劲挺拔，深荫翳日，姿态古拙；一株盘根错节，屹立长青，茂如翠盖。两树同被一株茎宽达1m的古紫藤盘旋缠绕，刚柔相济，曲直互映，似云龙戏珠，世人盛赞奇景为“藤樟交柯”。

罗汉寺始建于五代后晋天福二年（公元937年），清代乾隆年间重建，寺前溪旁建有石雕牌坊一座，额枋刻隶书“古罗汉寺”，对联刻“古树径通幽，梵音风作韵”。据罗汉寺的心智师傅介绍，村民普遍对古樟怀有敬畏之心，“文革”时曾有一干部欲锯内侧古樟一枝粗枝做箱子，自己不敢上树，于是安排一囚犯爬树，伐得一粗枝，没想到当晚即生重病，接着又被上级查处其违法行为，于是村民们更加爱护古樟树，相互告诫，折损古樟一枝一叶也会被劝阻。

◆江苏省苏州市吴中区金庭镇秉常村罗汉寺坞；东经120.2838°，北纬31.1038°，海拔40m。
◆树高29.0m，胸径1.45m，平均冠幅26.0m。
◆种植于元代中后期，至今树龄超过600年。

◇ 江苏西山双古樟

江苏吴中西山古樟，包括宋樟和元樟2株。宋樟又名“独威”，挺拔舒展，端庄雍容，享有“江南第一樟，吴中第一树”之美名。元樟名“争雄”，拔地而起，气宇轩昂。

古樟园又称“双观堂”。园内既有道教的愿如斋（城隍庙，供奉城隍老爷），也有佛教的慈航堂（观音殿，供奉送子观音），始建无考，或称始建于南宋，清道光二十八年曾重修，有碑记。两株苍翠入画的古樟交枝接叶，浓荫蔽日，给人以气势恢宏、丰姿不凡的感觉。据当地传说，当年有一僧一道同时看中此风水宝地，则约定各植樟树一株，何者成活则何者占得此地，因二树同活，于是各建庙观，僧道共存于此地。

◆江苏省苏州市吴中区金庭镇林屋村古樟园；东经120.2999°，北纬31.1248°，海拔123m。
◆宋樟树高24.0m，胸径2.44m，平均冠幅32.0m。
◆元樟树高20.0m，胸径1.51m，平均冠幅25.9m。
◆宋樟种植于北宋前期，至今树龄超过1000年；元樟种植于元代中后期，至今树龄超过600年。

宋樟

◇ 浙江后岭金谷山古樟

杭州桐庐县后岭村东边金谷山上生长着一株阅世超过1400年的古樟，人称“桐庐大树王”。四支巨枝撑起华盖巨冠，北侧中空如木假山，三面树皮扭曲如武士甲胄，树下有空洞如门。

金谷山实为一座周长约150m、高约30m的小丘。金谷山虽小，但来头不小。相传东晋以虎为仆的高人郭文隐居于金谷山，神号“游仙大王”，后人于山下立桃花庙奉祀之。金谷山又有别名“斤谷山”，相传村中一位喻姓太

公去世后卜葬于此，后人以一斤[1]谷一担土的代价召人挑土，遂成巨丘，故又名“斤谷山”。

金谷山上古樟树枝繁叶茂，生生不息，记录着后岭村文人辈出的发展历史，也见证了村中男女的忠贞爱情，大家习惯在结婚前到樟树下祈福，以求婚姻幸福美满。2006年，村人耗资60余万营建高台及围栏，建成了以古樟为中心的村景公园，远看金谷山形如古堡，而古树独处山顶，挥苍劲枝杈，舞漫山翠绿。登上台顶，微风吹拂下的树叶发出沙沙声，似乎是古樟在诉说古村悠远历史。

---

① 1斤 = 500g。以下同。

◆浙江省杭州市桐庐县横村镇后岭村金谷山金谷公园；东经119.3652°，北纬29.1906°，海拔43m。
◆树高24.1m，胸径3.65m，平均冠幅26.0m。
◆种植于隋代大业年间，至今树龄超过1400年。

◇ 浙江毕浦娘娘樟

杭州市桐庐县瑶琳镇毕浦村东头马路边，有一棵硕大的樟树，当地人称为娘娘樟。高大的樟树，左依青山，右临清水江，如一座秀丽挺拔的绿色山峦，又如一朵巨型翡翠蘑菇。

传说清朝乾隆年间，毕浦大山村里一对夫妇将病入膏肓的儿子过继给这株樟树，认为干娘，过继后的小孩病情逐日好转。此事一传开，方圆十几里的村落，将子女过继给古樟树，认其为干娘的人络绎不绝，樟树由此而得名"娘娘樟"。现在，在娘娘樟的身上还能看到很多红丝带和红榜，纸上写着生辰八字和名字，远近皆有。除夕之夜，还会有人在此陪"干娘"守岁到天明。

而娘娘樟救人的事迹不止一次。1969年的"七五"大洪水，拐弯经过樟树时形成一个缓冲区，随洪水席卷而来的灾民爬上樟树而得以死里逃生。获救人群中的南堡村人，立誓重建家园，靠双手实现了"粮食生产一年自给，两年有余，三年建设新南堡"的铮铮誓言。报道南堡人民英雄事迹的长篇通讯《泰山压顶不弯腰》登上《人民日报》头版头条，毛主席赞之为"南堡精神"。

◆浙江省杭州市桐庐县瑶琳镇毕浦村浦头樟树根头；东经119.5184°，北纬29.9303°，海拔37m。
◆树高17.4m，胸径2.29m，平均冠幅26.1m。
◆植于南宋嘉定年间，至今树龄约800年。

◇ 浙江溪口鸳鸯樟

在宁波市奉化区溪口镇柏坑村的村口庙岭头，有一片古樟树群，其中有两株根部相互交连的古樟树，内侧樟树高大挺拔，气度恢宏，树叶繁茂，有一树枝伸向外侧古樟，如同男子将一只手搭在了妻子肩膀上，仔细观看，外侧古樟低矮，树干上藤蔓横生，似乎用发髻遮住了面容，村民将两古樟称为"夫妻樟""鸳鸯樟"，视之为"镇村之宝"。奇妙的是，在公樟的根部长出了一棵小樟树，就像一家三口耸立在村口，保佑着一村的平安。古樟于2015

◆浙江省宁波市奉化区溪口镇柏坑村庙岭头；东经121.1957°，北纬29.6059°，海拔67m。
◆树高29.0m，胸径2.07m，平均冠幅37.3m。
◆种植于明朝崇祯年间，树龄近400年，也有资料称种植于北宋前期，至今树龄超过1000年。

年被评为“浙江最美古树”。

树根下有一尊高约1.3米的石碑，介绍说古樟为净慈寺开山方丈栽种的，则至今树龄已有1000多年。连体千年樟根部相连，融为一体，历千年而相依相靠，自成一景，可谓天下奇观。人们相信这两株千年古樟象征着爱情忠贞，经常有夫妻到树下虔诚祈福，期望如同古樟一样牵手永远。

◇ 浙江前童第一樟

在前童镇竹林村东头的樟树脚，有一株浙江“最粗”古樟。远看古樟数条巨枝分开，如虬龙盘旋而上；树身奇特，主干离地5m处分成3个叉，形如倒置的三足鼎，三杈连接部下方平如盆底，形成一个高5m、面积达54m^{2}的大洞，犹如一间宽敞客厅；树洞东西两侧有一个高2m、宽1m的大洞口及两个略小的洞口，如同三扇房门。据老人介绍，60年前该树尚有5个分叉，枝叶郁郁苍苍，被称为“五杈香樟”，后因台风刮断两杈。因其胸高围径达到15m，为浙江樟树之最，木材蓄积量亦为浙江之最，故有“浙江第一古樟”之美誉。

古诗“旧时王谢堂前燕，飞入寻常百姓家”里的“王”即指魏晋名门琅琊王氏，其后裔中有一支迁居竹林村。

据《宁海县志》记载："竹林王氏，后晋时自剡避乱居塔山（今前童），第五世分徙至此。"相传五世祖王维缨觅新址时，见竹林北有山丘屏障，南面平坦见溪流，更有一株抱樟树冠如华盖，认为是吉祥之地，遂建村于此，定大樟树为"风水树"，立族规严加保护。王氏迁居竹林为北宋嘉祐年间（1065年左右），推算此古樟初植于唐末五代十国期间，树龄超过1000年。

2002年，县政府拨专款拆迁了树旁民居，围起保护地，在树洞内装置钢管以稳固树体，并开展了白蚁治理。如今古樟长得枝繁叶茂，生机盎然。

◆浙江省宁波市宁海县前童镇竹林村樟树脚；东经121.3776°，北纬29.2464°，海拔45m。
◆树高18.2m，胸径4.78m，平均冠幅20.5m。
◆种植于唐末五代十国期间，至今树龄超过1000年。

◇ 浙江胡陈凤凰樟

位于宁波市宁海县胡陈乡东下田自然村后山坡上的古樟树，经历过悠长的岁月洗礼，其长势很有个性，根部中空，倒伏于地，枝干重新生长，形成了部分匍匐于地的生长状态。人们把古樟婀娜的顶部喻为凤冠，舒展的下部比作凤羽，故又称之为“凤凰树樟。

据村中一位80多岁的老人介绍，很多年以前这棵树曾被雷劈掉了一半，树干被烤焦，树叶也全部掉光，仅剩下月牙形的一层皮。其后40多年这棵树没长过叶子，大家都认为它死掉了，没想到，这半棵樟树居然“死”而复

生，又开始抽枝长叶，并变得枝繁叶茂。当地人都奉这棵千年樟树为树神，经常祭拜，相信其能保佑村民平安。抗战时期，有村民因躲入树洞避过劫难；解放战争时期，村中男丁多躲入树洞内而幸免于被“抓壮丁”，于是众人更相信古樟的神奇了。老人还说，以前除夕夜时，村民会依照风俗到凤凰树上切些树枝，在自家猪圈里焚烧，祈望来年猪长得更壮，古树因此被严重破坏。近年来，随着科学知识的普及，人们不再焚烧樟树枝叶了，并且大家都很自觉地保护古树，树下已辟出一块空地，任其自由生长。

◆浙江省宁波市宁海县胡陈乡胡东村东下田自然村；东经121.6874°，北纬29.3263°，海拔29m。
◆树高19.0m，胸径1.99m，平均冠幅9.0m。
◆种植于北宋景德年间，至今树龄约1000年。

◇ 浙江江心屿千年樟抱榕

浙江省温州市内最著名的景点是江心屿，被人称之为“瓯江蓬莱”，与鼓浪屿齐名，自古便是文人墨客的“打卡”圣地。宋高宗赵构，民族英雄文天祥，著名诗人李白、孟浩然、杜甫、陆游，王十朋，明代书画家董其昌，现代名人郭沫若等都曾涉足于此，留下大量诗词歌赋和文物古迹。据不完全统计，历朝历代的名人雅士留有咏叹江心屿的著名诗篇上千篇，所以江心屿又名为“诗之岛”。

谢公亭东，江心寺西，临江靠堤处即为温州最古老的古树名木“樟抱榕”，历经千年，古樟的树干已中空并倾垂卧地，但粗壮樟树根系仍紧紧贴抱一株黄葛榕的树根，两种树连理生长，倒地的樟树主干在顶部再萌出 4 根枝

条，高约6m，平均冠幅约10m。

这棵“樟抱榕”是温州家喻户晓的“夫妻树”，江心屿的“金名片”，更承载着温州人的古树情结。榕树为温州市树，有悠久的栽培历史，因生命力旺、根系发达而在温州人心中象征着故土情结，有把“根”留住、稳固安定之意；而樟树亦深受温州人的喜爱，在温州方言里“香”和“仙”谐音，樟树散发的浓浓香气，意味着“仙气”满村满屋。樟榕结合，寓意更加美好。“樟抱榕”备受市民爱护，树龄500多年的黄葛榕2019年因雷击断去1杈，几乎惊动全城。

◆浙江省温州市鹿城区江心屿景区博物馆前；东经120.6421°，北纬28.0297°，海拔20m。

◆树高6.0m，胸径1.94m，平均冠幅9.8m。

◆种植于唐代景龙年间，至今树龄1310余年。

◇ 浙江西周父母双樟

浙江省金华市金东区傅村镇西周村，有两株枝繁叶茂的古樟，其中一株胸径巨大，需9人才能合抱，冠幅占地近1亩，是当之无愧的“金华第一樟”，2015年获得了“浙江最美古树”的殊荣。两棵古樟犹如一对夫妻相依而立，村民亲切称之为“夫妻树”。

在西周村人看来，这两棵古樟树可以区分出公母的。较大樟树的根部有一处凹陷，形状如女性胯下，称之为母樟；而另外一株根部形如胯下的中间一侧根凸出来，称之为公樟。两树北侧中央有一周氏宗祠，两树站在宗祠前正符合男左女右的习俗。“以前村中还有一棵‘樟树儿子’，离它的‘爹娘’大概60米远。1971年，村里装电时没有钱，就砍了这棵‘樟树儿子’卖了千把元钱，全村因此通上了电。”一位年龄近80岁的周姓老人介绍说。

古樟在当地人心中占据着不可替代的位置，他们相信在老樟树神灵的庇护下，西周村民才顺顺利利地世代繁衍生息。人们在母樟前设立了香台，逢年过节及农历初一与十五，常有人烧香求拜，祈求庇佑。据介绍，村民不少人的名字里含有“樟”字，那是因为他们小时候算命发现五行缺木，都曾认过樟树爹、樟树娘。认树爹树娘时，要用红头绳绕树一圈，并贴上写有姓名、住址的红纸。

◇浙江省金华市金东区傅村镇西周村东明路；东经119.8852°，北纬29.2536°，海拔83m。
◇母樟树高20.0m，胸径4.29m，平均冠幅27.0m；公樟树高20.0m，胸径3.74m，平均冠幅21.0m。
◇初植于唐朝末年，至今树龄逾1000年。

周氏宗祠
公樟

◇ **浙江东溪古樟**

浙江省兰溪市杨塘村东溪桥头，有一棵空心的千年古樟，古樟现围径11.85m，东西方向的直径达到惊人的5m。树干内树洞巨大，东西方向直径近4m，能够摆下一张八仙桌。古樟已历一千年以上的风风雨雨，是兰溪市最长寿的樟树，并列入2015年“浙江最美古树”名单。空心古樟见证了千年以来的人间悲欢离合、王朝更迭，但仍屹立在村头，枝繁叶茂，郁郁葱葱，活成了杨塘村的传奇。村中还有东溪桥、石亭碑、观音阁等古迹，历史遗存丰富。

据村内老人介绍，老树都是有灵性的，樟树里住着樟树娘娘，逢年过节，村子里老老少少都会来樟树脚下跪拜

樟树娘娘，放鞭炮上香，祈祷来年风调雨顺，家人平安，六畜兴旺。小孩子凡发现五行缺木，几乎都来认“樟树娘娘”，祈求健康成长。

对于在老樟树下繁衍生息的人来说，这棵树承载更多的是一种文化记忆。很多中老年人回忆童年，都说喜欢在树洞里玩耍，攀爬树枝，掏鸟窝，捉迷藏，在树洞内纳凉睡觉。从树洞里仰视，有一处神似观音娘娘盘起发髻的地方，如摇篮般凹陷，小孩子躺在上面很舒服，众人称之为“观音娘娘的育子摇篮”。顽童都喜欢爬树，一不小心就会摔下来，经常有小孩从四五米高处摔下来。但非常奇怪，没有摔伤的。老人们都说，这是因为有樟树娘娘保佑的缘故。

◆浙江省金华市兰溪市赤溪街道杨塘村东溪桥头；东经119.3652°，北纬29.1906°，海拔43m。
◆树高13.7m，胸径5.0m，平均冠幅13.3m。
◆种植于唐朝元和年间，至今树龄1200余年。

◇ **浙江樟田吴越古樟**

浙江省开化县苏庄镇樟田自然村的衢州樟树王，相传为钱镠创立的吴越朝代所种植，是衢州市“年龄”最大且树干最粗的古树。树体高大，树高3.5米处枝分5叉，刚劲挺拔，形成覆盖面积3亩多的大树冠，根深叶茂，远望似一片翠云，近观如绿色巨伞，遮天盖地，千年披翠，蔚为壮观。

吴越古樟一直庇护着村民，给人们带来平安与美好祝福。古樟立于苏庄溪与焦川溪相汇合处，每当雨季，上游常常山洪暴发，洪水直扑樟树根旁的护堤，但由于樟树盘根错节，须根密布，固住堤岸石坎，网住周围沙土，洪水年年冲刷也从未冲毁过堤坝和良田，于是村民奉古樟为“神树”。千百年来，人们在树下安居乐业，“樟田村”也因此而得名。

◆浙江省衢州市开化县苏庄镇富户村樟田自然村；东经118.0794°，北纬29.1882°，海拔151m。
◆树高32.0m，胸径3.70m，平均冠幅48.0m。
◆种植于五代十国时期，至今树龄约1100年。

◇ 浙江普陀千年神樟

在“海天佛国、南海圣境”普陀山上，到处可以见到樟树，在普济禅寺外就有一排排的高大香樟树，而最有名的古樟就在原普慧庵外的樟香园内，那就是普陀山闻名天下的“千年香樟王”。虽然已历经近千年的沧桑变化，这棵古樟远看仍茂密蓊郁，枝叶如盖，走近树下则可见枝干粗壮挺拔，向上伸张，酷似一条条巨龙，枝干上还聚集着

◆浙江省舟山市普陀区菩提路11号樟香园；东经122.3785°，北纬29.9862°，海拔60m。
◆树高19.0m，胸径1.99m，平均冠幅32.0m。
◆种植于南宋嘉定年间，至今树龄超过800年。

苔藓类、蕨类、种子植物约30余种，形成一个天然空中植物园。

如今，来普陀山的古樟下祈福，已经成为一种文化和习俗，吸引着来自各地的有缘人。前殿广场近崖边的一排栏杆铁链上，挂满锈迹斑斑的同心锁，似乎印证着永结同心、海枯石烂的决心，在古樟面前结锁，似乎更显虔诚。

◇ 浙江临海隋樟

浙江省台州临海“台州府城墙”的城隍庙内（江南长城旁），有棵树龄为1400多年的香樟，称之为“隋樟”。隋樟在“文革”时期遭到雷击，之后残存主干周长不足原来的三分之一，原来胸径3.22米的树干仅剩一“壳”，“壳”厚仅0.65m。遭灭顶之灾而幸存下来的残体仍高达13m，在小半片躯壳顶部萌发出的树枝数枝，仍枝盛叶茂，昂首挺立于山巅，世人对它老健的风姿和顽强的生命力赞叹不已，誉之为“树中之冠、古城一宝”。正如今人所撰《隋樟》诗曰:“壮怀激烈似天神，剖腹开膛不倒身。纵使只留皮一片，劲枝犹向碧空伸。”

树下东侧立着一块碑，碑文介绍了古树的风貌和沧桑经历，原来这株饱经风霜、苍劲古拙的古樟见证了台州府一千多年的兴衰。据史料记载，隋开皇九年（公元589年），杨广率军灭亡南陈，废临海郡，将各县并入临海县，并“以千人护其城”；二年后“置临海镇于大固山”，唐武德四年（公元621年）置台州府，在大固山建城隍庙，奉三国时期的临海郡首任太守屈坦为城隍之神。因建城隍庙时已有樟树，则其至少为隋朝时种植，因此人们称长伴城隍庙的这株古樟为“隋樟”。

◆浙江省台州市临海市古城街道城隍庙内；东经121.1098°，北纬28.8547°，海拔73m。
◆树高20.1m，胸径2.57m，平均冠幅17.5m。
◆种植于隋代，至今树龄1400多年。

鹏程万里

◇ 浙江石滩古樟

这株千年古樟位于三门县亭旁镇石滩村关帝殿旁，远看大树绿荫葱葱，虬枝斜横，若龙腾飞，走近则可知古树的树干形似粗壮，但其内已全部中空，仅留下树皮一圈，树洞内可容纳20余人。

◆浙江省台州市三门县亭旁镇石滩村关帝殿旁；东经121.3291°，北纬29.0222°，海拔52m。
◆树高12.5m，胸径3.44m，平均冠幅23.3m。
◆种植于北宋前期，至今树龄超过1000年。

据村内老人介绍，古樟旁原有老爷殿一座，现改建后称为关帝殿。樟树是老爷殿的标志，也是一株风景树，于是一直保留下来。

◇ 浙江板樟山古樟

浙江省三门县板樟山村是古桑洲（现宁海县桑洲镇）一带开发最早的古村落之一。沿着古村中石子路向村北行进，一路到处可见石头制作的建筑物，有石屋、石院、石墙、石子路、石碾、石臼等，几乎全是石的世界。在一处高约3m的石墙下可见这株硕大的古樟，古樟根部用石头砌起一个直径7～8m的平台，树旁立一石碑，其上书红色大字“浙江第一樟”。古树主干已中空，中间生长着两棵树龄超过两百年的古树，其一为朴树，另一株为糙叶树，如同怀抱幼童一样。

板樟山村居民以叶姓为主，据其族谱记载至今有870多年的历史，古樟下方就是叶氏宗祠。古村生态留存完好，旅游资源丰富，除千年古樟外，还有罕见的百年藤瀑、万年火山，可谓“头顶蓝天白云，坐拥绿水青山”。现有一家旅游开发公司与古村“联姻”，共同打造旅游胜地，还在古树掩映村南之中打造一处叫“栖心谷”旅游景点，悄然间，昔日偏僻荒凉的“空心”村“蝶变”为车马喧嚣的网红打卡点，在周边小有名气，还荣获2018年“中国美丽村镇之生态宜居”奖。作为古村沧桑历史的见证，古樟迎来全国各地的游客。

◆浙江省台州市三门县沙柳街道板樟山村宗祠旁；东经121.3526°，北纬29.1595°，海拔205m。
◆树高26.0m，胸径3.79m，平均冠幅30.2m。
◆种植于北宋景德年间，至今树龄1010余年。

◇ 浙江路湾晋樟

浙江第二大江瓯江逶迤东流，经过莲都区路湾村外时汇集成深潭，潭边有一株枝繁叶茂的古樟，庞大的树冠倾向江心方向，荫地超过一千平方米，可谓是独木成林。树下摆放着石制神龛与神台，神龛内摆放一尊身披黄绸衣的樟树神，外侧有联曰“樟蕴乾坤千年灵气，水涵日月七彩神光”，神台上插满佛香与香烛，树枝上则绑满了红丝带、红香包等。这棵始植于晋代的古樟，就是浙江省年代最久远、树体最大的古樟，有“浙江第一樟”的美誉。

晋樟深受当地百姓喜爱并世代呵护，也是方圆百里的风水树，被尊为“树神”，神龛、神台、香烛、丝带等说明至今仍有许多信众到树下祭拜祈福。据介绍，逢年过节、农历初一和十五时，除附近村民外，还有龙泉、温州等外地人来到古樟下祭拜祈福。当地还有认古樟为“爹（娘）”的习俗，早年小名叫“樟树儿”“樟树女”的丽水人特别多。认“樟爹（娘）”时要举行仪式，孩子给樟树作揖、许愿，再把写着生辰的小红布条系在樟树上，或把各式竹制弓箭挂到树身上，甚至有人用花岗岩制成“樟父”雕像放置于树下，寄托了人们对健康与平安的良好祝愿。

为避免水利工程江水淹没樟树根，丽水市投下巨资修建防渗墙、开凿排水槽，设排水泵自动抽排积水，一系列措施保证了古樟至今仍然华盖参天、生机勃勃。树下已辟为晋樟园，往来市民络绎不绝，任何时候都可看到古樟树上飘满红丝带。

◆浙江省丽水市莲都区联城街道路湾村瓯江大溪边；东经119.9789°，北纬28.4593°，海拔61m。
◆树高20.6m，胸径4.58m，平均冠幅37.9m。
◆种植于东晋末年，至今树龄超过1600年。

◇ 浙江画乡古樟

浙江省丽水市莲都区大港头村是著名的“画乡”，瓯江穿境而过，山光水色、民风民情极具特色，古渡口、古街等以其独特的风格吸引着众多的画家、摄影家。“画乡”古埠头广场靠近江边处有一株硕大的千年古樟树，见证了大港头往昔繁华和今天的重新崛起。

据介绍，大港头村自然生态景观酷似法国巴比松村，20世纪80年代以来，一群丽水画家扎根大港头、碧湖一带，借鉴法国巴比松画派技法写生创作，画身边的事物，画熟悉的风景，画普通老百姓过日子的田园景色，逐渐形成“丽水巴比松画派”。当年政府因势利导，着力打造“画乡”文化特色，已建成丽水巴比松陈列馆、丽水油画院、古堰画乡展览馆、古堰画乡分校等，另有“在水一方写生创作基地”被中国美术学院选为教学实训基地。

樟木香气浓郁，驱虫防蛀效果明显，画家们直接在上面作画，就是独具特色的樟木画。买一幅樟木画挂在家中，既可观赏，又可驱虫，一举两得，岂不快哉。

◆浙江省丽水市莲都区大港头镇大港头村渡口坪地；东经119.7397°，北纬28.2999°，海拔73m。
◆树高21.6m，胸径2.43m，平均冠幅38.4m。
◆种植于唐代元和年间，至今树龄超过1200年。

◇ 浙江通济堰舍利樟

从大港头村“画乡”出发，乘画舫渡过水面宽阔、江流平缓的瓯江，就来到具有悠久历史的古村落堰头村。始建于南朝梁天监四年（公元505年）、与都江堰齐名的通济堰就建在堰头村的村头，渠首至三洞桥主干渠两岸有十多株千年以上树龄的护岸古樟，成为了华东地区最为壮观的古樟群。历经了千年岁月沧桑，古樟依旧是枝繁叶茂、

苍翠茂盛，默默捍卫着堰渠。古堰樟树群中年龄最悠长的老樟，曾历经雷击火烧，几经死亡，又奇迹生还，现在只能依靠着几片树皮提供的营养，但古樟仍然生机勃勃，正所谓枯树逢春，于是民间敬奉之为“舍利树”。

当地也有一个认樟树为干娘的风俗。刚出生的小孩如八字五行缺木，其父母就会来到古樟树前举行一个朝拜仪式，认其为干娘，以保佑孩子平安成长。

◆浙江省丽水市莲都区碧湖镇堰头村通济堰坝头；东经119.7273°，北纬28.3080°，海拔87m。

◆树高12.7m，胸径2.55m，平均冠幅15.7m。

◆种植于南北朝时期，至今树龄超过1500年。

◇ 安徽漳潭张良樟

“千年古樟能栖凤，百尺潭水可匿龙”，位于新安江山水画廊核心景区内的歙县深渡镇漳潭村有一株千年古樟，走近树下，几根粗大的主枝或耸插蓝天，或在石柱“拐杖”支撑下蓬勃横生，皆枝叶茂盛，庞大的树冠浓荫蔽日，状如巨伞，气势磅礴，甚为壮观，“天下第一樟”可谓名不虚传，或誉之为全国“樟树之王”。历经千年，古樟仍然生存良好，人们视之为“神树”。树下稍远处有香案，可供村民及四周信徒顶礼膜拜，祈求福安。

关于古樟的来历有多种说法，其中一种说法是古樟种植于北宋年间，张氏先人环溪先生一生从教，亲手植下樟树，希望学生如樟树沐浴着阳光雨露成长。先生故去后，学生就把他葬在树下，希望先生英魂不散。另一种说法也与张氏的先人有关，张良十一世孙张秉为入徽始祖，其长子在漳潭定居，入居时植樟树两株为纪念树，因樟树生命力旺盛，且樟与章谐音，寓意子孙繁茂，勤奋读书做文章。

千年古樟旁有一汉张留侯祠，为村民纪念其先祖张良而建，据传张良去世后就安葬在村中。漳潭村内还有“红妆馆”中天下第一龙凤轿等景点，同时也是国家地理标志保护产品“三潭枇杷”主产村之一，正吸引着越来越多的游客。

◆安徽省黄山市歙县深渡镇漳潭村张良祠前；东经 118.5527°，北纬 29.8243°，海拔 113m。
◆树高 27.6m，胸径 3.23m，平均冠幅 41.6m。
◆种植于北宋前期，至今树龄超过 1000 年。

严禁烟火

◇ 安徽昌溪龙凤樟

昌溪村是古徽州歙县历史悠久的原生态古村，人文荟萃，风光秀丽，历来被称为“歙南第一村”。有建于元朝至正十四年（1354年）忠烈庙，大塘坑、小塘坑两股清澈的溪水在庙坦（庙前广场）融汇后形成优美的“S”形（也称为八卦形）溪流，注入昌源河。

庙坦上生长着两株互相依偎而树冠形态有所不同的古樟树。其中一株主干粗大的樟树从土丘稍高处向南探出，在高3～6m处布满了苍拙的粗枝，如同龙头上的龙鳞龙须，而生长土丘北侧稍低处的古樟主干分成2叉，但整体树冠向北侧扩展并逐渐低垂，状如凤尾。人们把两株古樟树形象地称为“龙凤樟”，为昌溪村地标性植物，来此游玩的人无不为它们赞叹，村里的人们也经常在这两株树下纳凉小憩，摆古论今。

◆安徽省黄山市歙县昌溪乡昌溪村庙坦；东经118.6456°，北纬29.9154°，海拔117m。
◆龙樟树高20.1m，胸径2.19m，冠幅19.0m；凤樟树高20.0m，胸径2.39m，平均冠幅23.0m。
◆种植于南宋嘉定年间，至今树龄约800年。

◇ 安徽王村茂五指樟

由杭瑞高速歙县金山出口后，沿昌歙线向南经过南源口行政村王村茂自然村的一处立交桥，即可发现一丛根深叶茂、四季常青的古樟群，其中最靠近公路边的是一株千年古樟，根部需8位大汉才能抱住，其上共有五大枝，南

◆安徽省歙县徽城镇南源口村王村茂自然村；东经118.503°，北纬29.8611°，海拔120m。
◆树高23.7m，胸径3.78m，平均冠幅30.0m。
◆种植于北宋前期，至今树龄超过1000年。

侧稍低垂的一枝尤其粗大，四枝呈直立状，形如巨人伸展的五指，历年来村民叫它为“五指樟”。

千年古樟群周边景色亦佳，春天被金黄色油菜花环抱、夏天被绿色秧苗衬托、秋天有大片稻穗陪伴，深受摄影发烧友的喜爱。

◇ 安徽荃村夫妻樟

新安江曲折流过歙县雄村镇荃村自然村，江北岸生长着一株从树干基部就开始分叉的两杈空心樟树，当地人称“夫妻树”。树形巍峨苍劲，斑驳的树身盘虬卧龙，极具气势，树干中空，可容纳十余人。古樟就像一名威武挺拔的“卫士”守护在村口，见证了历史的风云变幻和当地百姓的悲欢离合，当地村民视为“神树”。

据了解，古樟为宋初所栽，已历经千余年风霜雨雪。古樟曾遭受过雷击、火灾浩劫，2016年还遭遇零下15℃寒潮，几为灭顶之灾，但古樟仍顽强存活至今。该古樟还惊动过官府出面刻碑保护。清光绪二十一年（公元1895年），曾由江南徽州府歙县五品正堂设立专门“永禁碑”进行保护，碑文主体保存完好，仅两字模糊不清，从内容看，碑上记载的禁伐古树事项极为明确。

◆安徽省黄山市歙县雄村镇荎村自然村；东经118.4339°，北纬29.8143°，海拔115m。
◆树高24.0m，胸径3.25m，平均冠幅27.5m。
◆种植于北宋前期，至今树龄超过1000年。

◇ 安徽义成茂荫樟

黄山市歙县雄村镇朱村村委会义成自然村的村口处有一株古樟树，需五六人牵手合围，树干上有一个独特的树洞。古樟历经沧桑，但仍然绿意浓浓，苍翠依然，甚是壮观。

义成自然村是历史文化名村，名人众多。其中，王茂荫（1798—1865年）是我国第一个提出具有现代意义金融理论的经济学家和思想家，因此成为马克思在《资本论》中唯一提到的中国人。同时，因其官品官德、人品家风首屈一指，成为徽州廉吏的代表人物，其执政思想以及勤政为民、清廉为官、修身齐家理念至今仍为世人所推崇。据记载，王茂荫晚年定居义成后，每逢客人到访，迎来送往，必在此樟树下；平日闲来无事，经常粗茶一壶，于樟树冠盖庇荫之下，教授蒙童读书习字，传授公序良俗、做人美德，久而久之，村中男女老幼命名古樟为“茂荫樟”。

现樟树下为王茂荫广场，立有王茂荫全身青铜塑像一尊，并已建成王茂荫故居纪念馆等，展出有关王茂荫相关事迹及史料文物，已成为党员干部开展政德教育的重要场所。

◆安徽省黄山市歙县雄村镇朱村村委会义成自然村；东经118.8273°，北纬29.8273°，海拔112m。
◆树高14.1m，胸径1.66m，平均冠幅15.5m。
◆种植于明初永乐年间，至今树龄600余年。

古树名木保护“五不准”
一、不准砍伐；
二、不准擅自移植；
三、不准刻划钉钉、剥皮攀折；
四、不准树下取土、烧火；
五、不准其他危害正常生长的行为。

◇ 安徽渚口救难樟

在渚口村一片葱翠碧绿的茶园中，生长着一株高大挺拔、枝干扶疏的巨大香樟树。这株历经风雨的古樟，时刻庇佑着渚口村，也见证着村落的古朴沧桑与兴衰荣辱。站在树下，可以感受到一种“悠悠附云影，浩浩吹天风”的气势，古樟更显得格外雄伟。

村民们亲切地称古樟为“救命神树”。据记载，康熙四十三年（公元1704年），一场百年不遇的特大洪水半夜冲进渚口村，山民与牲畜也多被洪水卷走，房屋冲毁殆尽，40多个村民爬上树冠高大的古樟而得以幸免，古村也因此得以繁衍保存至今。为感恩古树的荫惠庇佑，村民在古樟根部处搭建了一个简易的进香烛台，逢村中有婚嫁增丁之类喜事，总要在樟树下焚香祷告，祈求庇佑。

“渚”意指万山丛中一小洲，渚口村是始建于北宋年间的千年古村落，是世姓倪氏聚居的风水宝地。古人卜址定居的地理位置很讲究，渚口古村落背靠来龙山，大北河由东北向西南绕村而过，一面靠山，三面环水，村人称铜锣形、腰带水。因其溪水潆洄，环映如锦，背靠成峰，障蔽如城，故又别号“锦城”。渚口村自古文风昌盛，名人辈出：明代倪思辉官至户部尚书而《明史》有传；清代倪望重创藏书楼“万卷楼”而闻名遐迩；清代胡士著、吴书升亦经史留名。明清两代经商致富者无数，著名者有明代盐商倪本高、清末民初粮商倪尚荣。现村内保存有“贞一堂”“一府六县”等经典古建筑。

◆安徽省黄山市祁门县渚口乡渚口村；东经117.4882°，北纬29.8271°，海拔89m。

◆树高23.5m，胸径1.96m，平均冠幅23.8m。

◆种植于北宋政和年间，至今树龄900余年。

◇ 福建郭山村公婆樟

在厦门市同安区洪塘镇郭山村有两株相距不过30m的古樟，遥遥相望一如“恋人”，当地村民称之为“公婆樟”。公树枝干多而粗壮，显得高大伟岸，而婆树矮小，树身倾垂如同驼背阿婆。除树龄久远外，公婆樟还有一个共同点，那就是主干的心材早已腐烂消失，树根底部出现一个大洞。人们在公樟树洞中用石条砌成长2.1m、宽1.1m的神台，用于奉敬树神，树洞上横挂着红绸布及数个红灯笼。婆樟因主干心材消失也是中空的，中间可放置一张八仙桌，只剩下两侧树皮在生长，其上端分别长出多杈枝叶，犹如动物的触角。

公樟

据《郭氏族谱》记载，郭山村开基祖是唐代平定安史之乱名将郭子仪后裔郭镕，郭镕在唐代末年随王审知之族弟王想等入闽，定居后亲自种植樟树两株，寓意子孙能有大树好乘凉。当地还传说，商周时期通天教主高徒金灵圣母于农历十月十六日下山，在此樟树下收闻仲（即闻太师，村民称大王爷）为徒。授艺之余，师栖母樟腹中，徒栖公樟冠上。后人相信公樟为闻太师神灵的化身，有求必应。为寻求神灵庇佑，每年农历十月十六日在树下设坛摆宴供奉，相延成俗。盛典举办时十分隆重，演戏酬神、热闹非凡，至今香火不绝。

建省厦门市同安区洪塘镇郭山村郭山社；东经 118.2254°，北纬 24.7232°，海拔 25m。
樟树高 9.0m，胸径 3.28m，平均冠幅 17.0m；婆樟树高 6.0m，胸径 2.55m，平均冠幅 12.0m。
于唐代乾符年间，至今树龄超过 1150 年。

◇ 福建后埔公婆樟

厦门市翔安区新圩镇后埔村黄氏祖厝左前方，有两株并立的古樟树。远看，它们郁郁葱葱，枝繁叶茂，生机勃发；近看，两棵樟树彼此隔空对望，相依相偎。村民把它们叫“公婆樟”。“婆樟”身段婀娜，宛如一位娴静女子的轻盈身姿；“公樟”身材笔挺，傲立风中，像一位英姿飒爽的壮年男子。人们把“公婆樟”当作忠贞爱情的象征，因此常有年轻男女到树下求姻缘，希望找到另一半。

“公婆樟”相传为黄氏开基祖在唐朝时期所种植，当地奉为“树神”。2007年，当地村民对“公婆樟”周边进

◆福建省厦门市翔安区新圩镇后埔村；东经118.2794°，北纬24.7739°，海拔103m。
◆公樟树高13.1m，胸径2.98m，平均冠幅17.0m；婆樟树高12.0m，胸径2.86m，平均冠幅16.8m。
◆种植于唐代武则天当政时，至今树龄超过1300年。

行修缮，为它们立起支撑屏障，建了个小广场，让它们延续下一个千年的深情。树下有“后埔公婆樟保护工程牌”一则，记载文字如下：“三房祖祠前埕之左偏，古樟两树，一公一母，东西并立，交枝叠冠，世所未见，千百年来，上承日月之光，下受土地之气，中得族人之护，渐成腰粗数抱，冠盖盈亩，俨然与黄姓族人相繁荣，共昌盛。历世先祖无不视之为神明，奉之为佑护。后更尊奉为‘樟府王爷’，且约定俗成，农历九月十一日为王爷佛诞日。每逢此日，全村家家户户，虔诚奉祭。每每三牲连桌，香火满炉；金纸之火腾腾，鞭炮之声震震，可谓盛矣。”

◇ 福建古山重古樟

建村于公元669年（唐高宗总章二年）的千年古村落山重村以其独特的青山秀水、万亩花海和最富原生态的民俗文化，享有“千年古村落，生态古山重，山水花中游”之美誉，是国家级生态示范村、全国美丽乡村建设标准化试点村、国家特色景观旅游名村。比山重村历史更悠久的千年古樟位于村内民俗广场旁，远远望去，古樟就像一位长者张开双臂，在庇护着山重村的千年沧桑巨变。

虽已经见证千年的历史沧桑，但古老的樟树依然生机盎然，享受着大自然的阳光和雨露，可谓镇村之宝。这棵树的神奇之处是树心已掏空，整棵树是靠树皮支撑着，而树洞直径大约3.2m，可装三头成年水牛或一个班的小学生。钻入树洞向上望，三支树杈内腹也是中空的，在树洞内也可见到蓝天白云，可谓是别有洞天。山重村民把樟树视为福树，十分敬拜，山重村历代的老年人都会自发组织保护村内的每一棵樟树，现在山重村到处能见到千年以上的古樟树。

福建省漳州市长泰县马洋溪生态旅游区山重村；东经117.9299°，北纬24.6696°，海拔263m。
树高15.6m，胸径4.01m，平均冠幅16.2m。
种植于王莽称帝期间，至今树龄约2000年。

◇ 福建清源山赐恩古樟

在道教名山清源山的林海世界有一株神奇樟树。它生长位置特别，位于赐恩岩寺正前方，傲然挺立、浓荫盖地，黝黑树皮透露岁月沧桑。

口口相传中，当地人相信古樟已经跨越了千年岁月，在其悠长的岁月中见到过许多树下读书的名人，见证了“东亚文化之都”泉州千年的文脉风华。有号称“闽文之祖、闽学之师”唐代福建第一进士欧阳詹，赴长安赶考前

在附近的石室中寒窗苦读，朝迎朝晖读圣贤之书，夜伴月色抒怀报国之文；因主张抗金而被迫归隐清源山的南宋词人、丞相李邴，结草庐“云龛草堂”并著书立说，开创闽中草堂理学一派；创立镜山书院明代文豪何乔远在树下讲学，使得“慕镜山而思造其门者踵相接”，为家乡造就了一大批人才；也有敢于抨击封建礼制的明代学人李贽，竟在树下写了联语“不必文章称大士，虽无钟鼓亦观音”；还有民国高僧弘一法师，人们将他与弟子丰子恺合作编著的《护生画集》用石刻重现，并镶嵌在樟树下的走廊两侧。

◆福建省泉州市丰泽区清源山景区赐恩岩寺前；东经118.6088°，北纬24.9272°，海拔185m。
◆树高32.2m，胸径1.42m，平均冠幅15.2m。
◆种植于元代至元年间，至今树龄730余年。

◇ 福建美湖樟树王

德化县美湖镇古樟号称“中国最美古树”，也是“福建樟树王”，虽历经千年风霜，仍茁壮挺拔，枝繁叶茂，如擎天大伞，庇荫人间大地。古樟还拥有令人叹为观止的顽强生命力，立在树下的一块墓道碑的基部被树根包裹了三分之一。据当地人介绍，古树下部树干中原有一个可摆放一张方桌的树洞，近年来新长出的皮层又将洞口封闭起来了。

据传在唐末五代时，有章、林二秀才为避黄巢起义战乱来到小湖村，躺在樟树下倦极而眠，同时梦见一身披树叶的老翁，并说了四句隐语：“两氏与吾本同宗，巧遇机缘会一堂，来年同登龙虎榜，衣锦荣归济四乡。”两人醒来见到樟树后恍然大悟，老翁所指“同宗”正是林字的“木”旁加上“章”字成的“樟”！于是，他们在樟树旁边建屋定居，日夜攻读，其后果然双双高中，当官后办了许多好事，名垂青史。村民为纪念他们，便在樟树旁建起了一座“章公庙”，又称“集福庵”或“显应庙”，每年农历三月十六，都会举办盛大的祭樟树王活动。

◆福建省泉州市德化县美湖镇小湖村；东经118.0856°，北纬25.6197°，海拔694m。
◆树高26.2m，胸径5.45m，平均冠幅37.1m。
◆种植于唐代景龙年间，至今树龄超过1300年。

千年樟树　天下第一
建立健全村务公开、民主听证、户代表会
战疫

◇ 福建沈郎樟

“毓秀钟灵紫气来，香樟儒圣亲手栽。身价能留千古树，底须可为栋梁材。”这是清代诗人吟咏“沈郎樟”的诗句，透露出了古樟的雄姿与来历信息，引人悠然神往。作为南宋最负盛名的思想家、教育家、文学家、理学的集大成者，朱熹与樟树有什么情缘呢？

据记载，朱熹7岁时，听完父亲讲授的《管子·上篇·权修》中“一年之计，莫如树谷；十年之计，莫如树木；

终身之计，莫如树人”的道理，深有感触，于是在居所左侧种下了两株香樟，以此来激励自己的终身志向。因为朱熹出生于沈城，乳名叫“沈郎”，后人为了纪念他，将其亲手栽种的樟树命名为“沈郎樟”。

“沈郎樟”所在的园子现为沈郎园。历经多次翻修，园内配角数次更迭，但“沈郎樟”始终是主角。历经岁月风雨，“沈郎樟”依然雄伟挺拔，直冲云霄，枝干参天，形神皆古，内侧一株仍是枝繁叶茂，一派生机盎然，巨大的树冠向东遮了书院一角，向南遮了公路一角，整个园子几近被遮满。

◆福建省尤溪县沈城朱熹公园；东经118.1871°，北纬26.1668°，海拔128m。
◆树高27.2m，胸径3.38m，平均冠幅29.2m。
◆据载初植于南宋绍兴七年（公元1137年），至今树龄880多年。

◇ 福建考亭抱佛樟

在福建省建阳区考亭村村委破石自然村村口，伫立着一棵枝繁叶茂、树干粗大的千年古樟树，这就是被誉为中华一绝的千年古樟——抱佛樟。

这株古樟树与宋代理学大师朱熹有关。朱熹晚年定居考亭，建沧州精舍，聚众讲学并著述，创立“考亭学派”。其后，沧州精舍改称考亭书院，后世学者尊之为“文公阙里”并建坊表彰。相传朱子逝世后，人们为纪念他，在考亭村村口的这株樟树的主干树裂缝中塑一神像，以表慎终追远之情。岁月流逝，古樟不断生长，缝隙也在不断地合拢，慢慢愈合成现在距地面1米处只有一个如手掌般大的洞口，犹如肚脐眼，当地人称为“将军爷”的佛像便藏树洞内。现在，人们探近洞口时，才能看到古樟树腹中栩栩如生的佛像，这就是今天见到的“树抱佛”奇观。

有趣的是，古樟根部还有一棵树龄200多年的小樟树，两树根连根、冠相叠，古樟盘根错节，幼樟生机盎然，胜似母子情深难舍，人称“母子樟”。考亭“母子樟”被《中国国家地理》杂志列为全国46棵古树名木之一，成为“中华一绝”。

◆福建省南平市建阳区潭城街道考亭村村委破石自然村；东经118.0765°，北纬27.3141°，海拔150m。
◆树高24.6m，胸径3.39m，平均冠幅27.9m。
◆初植于北宋咸平年间，至今树龄超过1010年。

◇ 福建杜溪神樟

峡阳镇杜溪村的西北角耸立着一高大古樟树，树干苍劲，树干已空心，裂开成门，树洞内部宽大，几乎可摆一张八仙桌。

据传唐朝开元年间，一风水先生见此地风水非凡，决定在此定居，并特栽种樟树一株，寄望此樟万古长青，保佑子孙，造福后代。村民敬樟爱樟，天长日久之后便成为风俗。每年农历八月十五，四周百姓云集于此，祭祀树

神，供品、香火无数，鞭炮声不绝于耳，热闹非凡。除定期祭祀外，还有婴儿满月之时到树下祭拜，认契古樟树为“树爷爷”习俗。

为保护好这株见证历史的古樟，2001年春村民捐资出力，自行设计规划修建了古樟公园，成为人们游玩、休闲的好去处。

◆福建省南平市延平区峡阳镇杜溪村；东经118.0415°，北纬26.7969°，海拔195m。
◆树高19.6m，胸径4.08m，平均冠幅34.6m。
◆种植于唐朝开元年间，至今树龄1300多年。

◇ 福建江坊古樟

武夷山西南麓的麻沙镇江坊村俗有“船形”之说，河道经过江坊村时原来分为前溪、后溪，后经变更后合成一道溪流，从村中穿过，建有大小桥梁5座，旧有一座花桥，优雅壮观，20世纪60年代末被洪水冲毁，现改为石拱桥，千年古樟即生长在桥头处，树干稍向河道倾斜，树身上布满青苔，更显得挺拔苍劲。

小溪弯延着向东北流去，下游仍有长在岸边的古樟数株，一样古朴苍劲。

福建省南平市建阳区麻沙镇江坊村桥头；东经117.7267°，北纬27.3753°，海拔238m。
树高13.0m，胸径2.95m，平均冠幅13.0m。
初植于东晋末年，至今树龄1600多年。

◇ 福建竹洲古双樟

麻沙镇竹洲村桥头有两株古樟，长在三岔路口处这株枝繁叶茂，四条粗大的主枝或弯曲向上，或平伸而出，皆

◆福建省南平市建阳区麻沙镇竹洲村桥头；东经117.8772°，北纬27.3782°，海拔191m。
◆树高12.5m，胸径2.15m，平均冠幅17.2m；另一株树高9.0m，胸径2.08m，平均冠幅10.0m。
◆初植于南北朝时代，至今树龄超过1500年。

青苔满布，古朴苍劲。稍远处一株因长势衰弱，人们将远端枝叶锯掉，重新萌发的树叶依旧绿叶葱葱。

据村民介绍，古树下原来有古坟一座，并立有石碑，随着岁月流淌，樟树将坟与碑都覆盖掉了。

◇ 福建上陈华观樟

在南平市潭城街道办严墩村上陈自然村旁的华观庙前有一株古樟，已寂然守护村民千百年，看着他们在田野上忙碌、春种秋收，冷眼看着树下的华观庙一次次倒塌后的又一次次重建，并在每年正月十五及九月二十八日，迎来

◆福建省南平市建阳区潭城街道办严墩村上陈自然村；东经118.0684°，北纬27.3395°，海拔154m。
◆树高19.1m，胸径3.41m，平均冠幅28.4m。
◆初植于南北朝时期，至今树龄约1510年。

一大批信众焚香祭拜。不经意间，千年光阴已过，古樟的树叶不再繁茂，突兀枯枝布满树冠中上部，仿佛一个枯寂的老人，仍然默默地守在村头。

◇ 福建朝阳古樟

星村镇朝阳村中朝阳公园小广场一角，屹立着一株古朴苍劲的古老大樟树，树下即有成行的茶树。古樟不但见证了当地“祭茶喊山”传统习俗的起源与传承，也目睹了种茶致富的当地村民在村中自建公园的欢乐。

树下发现数条残留的香烛根，说明古樟仍在“享受”村民的尊崇。据多名村民介绍，当地信众相信古樟树神通

◆福建省南平市武夷山市星村镇朝阳村上汾自然村；东经117.8365°，北纬27.6323°，海拔239m。
◆树高22.6m，胸径2.39m，平均冠幅24.5m。
◆初植于南北朝时期，至今树龄约1500年。

广大，为防止婴儿出生后养育过程不顺利，就用红布做成一个三角形的平安符，用红线悬挂到树身上，然后在树下烧彩纸、香烛，祭拜一番，算是认契古樟树为“树爷爷”，古樟即可保婴儿健康顺利地长大。在缺医少药的20世纪90年代之前，这种习俗尤其兴盛，至今已逐渐减少。

◇ 福建大韩榕抱樟

在红色少年英雄张高谦故里大韩村，保留着“福建最北古榕树群”，古树平均树龄在400年以上，其中，最奇特的要数“榕抱樟”了。一棵大樟树的腹部长出一株榕树，樟与榕相依相偎，共同茂盛地生长着。最初，榕树苗依靠樟树第一分枝上树皮的养分成长，而后主树根不断地伸入枝干内部，并长出数条粗壮的气生根，顺着樟树主干伸入地下吸收养分。

大韩村对樟树、榕树等古树爱护有加，在古树旁架设避雷针、围栏，给古树通气透水、堵洞支撑、防治病虫害，除“榕抱樟”外，现村内河滩上还有古樟1株，古榕树11棵，放眼望去河滩上郁郁葱葱，沿溪岸边十数古樟、古榕广盖浓荫，碧翠欲滴，长溪奔腾，环绕如带，风光旖旎。依托繁茂苍劲的古树群、浩然正气的英雄故里美名，以及商客纷来的富锌脐橙观光园，大韩村入选了“福建最美乡村”，乡村旅游越来越红红火火。

◇福建省宁德市寿宁县武曲镇大韩村；东经119.5549°，北纬27.2662°，海拔93m。
◇树高20.2m，胸径2.23m，平均冠幅23.2m。
◇种植于明朝永乐年间，至今树龄约600年。

◇ 福建芹洋樟树王

宁德市寿宁县芹洋乡阜莽村风景秀丽，历史悠久，村前有棵载入《寿宁县志》的大樟树，高大挺立，隐天蔽日，人们尊称其为“樟树王”。

村民信众都将它当神来敬奉，树下专门设置有石制神台，每年农历八月初一到树下进行朝拜，大伙轮流着点燃红烛，烧旺香纸，鞭炮声响个不停，烟气几乎笼罩了整株大树，十分热闹。认古树为“干爹”的习俗仍在当地流传，村中不少小孩的小名叫“樟树妹”“榕树弟”的，就是认古树为“干爹”者。

据村人介绍，这株古樟树的神奇之处在于它的叶色与萌芽期能够“预测”当地的气候变化：春季树叶黄当年必干旱，秋季萌芽则冬必多雨。天长日久，当地村民从树叶的青黄变化与萌芽期的变化中掌握了一套预测自然灾害发生的规律，避害趋利，确保作物丰收。当地还流传着许多关于古樟的传说，如化身自称章姓的书生赴京赶考，高中状元，钦差按地址寻来却找不到人，官差将喜报贴到树上竟然牢固地粘住，再也取不下来。

◆福建省宁德市寿宁县芹洋乡阜莽村；东经119.3843°，北纬27.3984°，海拔590m。
◆树高26.4m，胸径4.17m，平均冠幅36.0m。
◆种植于北宋前期，至今树龄超过1000年。

◇ 江西旸府唐宋二樟

在景德镇市昌江区旸府滩村，有2株远近闻名的大樟树，其中一株便是“唐樟”，据当地林业部门考证，唐樟栽种于唐朝，因而得名。“唐樟”虽然经历了千余年的风霜雪雨，躲过了无数天灾人祸，但仍然根深叶茂，身姿苍劲，神态雍容，成为了千年古镇景德镇世事繁华最有力的见证者。悠悠岁月铸就了“唐樟”的神秘身世，它被当地村民尊称为“树神”。从“唐樟”的树龄和树干大小来衡量，它在景德镇市境内首屈一指，有“瓷都第一樟”之美称。

唐樟

◆江西省景德镇市昌江区新枫街道旸府滩村古码头；东经117.1995°，北纬29.3268°，海拔36m。
◆树高28.1m，胸径3.47m，平均冠幅41.3m。
◆种植于唐朝大历年间，至今树龄超过1200年。

唐樟旁边还有一大樟树叫“宋樟”。关于“宋樟”，当地民间有一段故事广为流传。相传宋朝绍兴三年（1133年），抗金名将岳飞受命到江州（今九江）抗金，率兵乘船途径旸府滩村，被当地美丽的风景所吸引，驻船休息时带着长子岳云入村游玩。当年村中有座寺庙名为“旸府寺”，岳飞父子受到当地村民和“旸府寺”住持的热情接待。离开该村时，岳将军为答谢众人，便为“旸府寺”提了一副楹联：“机关不露云垂地，心镜无暇月在天”，并在寺庙右前方亲手新栽一棵樟树，与现在左前方的“唐樟”遥相呼应。“文革”期间，“旸府寺”遭到毁灭性破坏，已不复存在，但岳将军亲笔题的楹联被当地村民视为珍宝，一直珍藏至今。这棵岳飞亲手栽下的樟树更是得到了村民们的细心照料和呵护，被代代村民尊称为“将军树”并一直延续至今。

宋樟

- 江西省景德镇市昌江区新枫街道昒府滩村；东经117.1995°，北纬29.3268°，海拔36m。
- 树高28.2m，胸径2.61m，平均冠幅35.2m。
- 种植于宋朝绍兴三年，至今树龄近900年。

请爱护花草树木吧
它将还你绿色环境

◇ 江西新湄樟帝

萍水河东岸的新湄村，有一株树体高大的古樟，远看可见枝叶繁茂，树冠投影面积约2亩。树下围起高约 1 米的平台，树干已中空，外披青苔，巨大的薜荔藤缘树而上，分枝附生到各枝上，间或见到薜荔果摇曳于树叶间；高处的树枝上布满了槲蕨，如同树枝的细毛。

树下现有新建“樟帝庙”一座，庙堂上联曰“社里尊樟物阜民康，群树封王百鸟朝凤”，横批“其圣矣”。据前

任庙祝、90多岁的叶继蓄老人介绍，现存庙边和无陂洲两棵古樟均为汉代所植，距今已有2000多年，每年三月初七及四月初十为庙会日，众人皆来朝拜樟帝。据树下石碑《古樟记》考证，旧庙内有一古铁磬，上面刻载“永嘉元年三月吉日”，门前石香炉镌刻“安成郡[1]十五都、樟树大帝”，推测“樟帝庙”应始建于永嘉元年（公元307年），因建庙时樟树已然称帝，推知至迟为汉代种植，因树体高大方立庙祀神。

① 安成郡，三国吴宝鼎二年（公元267年）分豫章、庐陵、长沙等郡析置，治所在平都县，辖境相当今江西新余以西的袁水流域和永新、安福等县地，两晋因之，隋开皇九年废。

◆江西省萍乡市湘东区湘东镇新湄村冷潭湾；东经113.7519°，北纬27.6122°，海拔76m。
◆树高28.4m，胸径3.04m，平均冠幅41.0m。
◆初植于汉代，至今树龄超过2000年。

◇ 江西大江边公樟

古樟位于萍水河西岸的大江边村无陂洲，与东岸新湄村冷潭湾的樟树大帝隔河相望，村民称两古樟的根系在江底相连。树枝上长满了槲蕨，也有薜荔，但村民称其果不可食用，故称此古樟为“公樟”，东岸的樟树大帝则为“母樟”。

- 江西省萍乡市湘东区湘东镇大江边村无陂洲；东经113.7504°，北纬27.6128°，海拔61m。
- 树高25.0m，胸径2.20m，平均冠幅23.7m。
- 初植于汉代，至今树龄超过2000年。

◇ **江西防里进士村古樟**

分宜县防里古村内古樟繁多，星罗棋布，千姿百态。田畴阁下畲有片逾1.3hm^{2}的古樟林，300年树龄以上古樟39株，被村人奉为风水林。古樟群内一株千年古樟，冠幅达1100余平方，堪称“赣西第一樟”，被分宜人民称为“镇县之宝”。

据防里欧阳氏家谱记载，南唐保大三年（公元945年），曾担任宜春县令的欧阳殊告老返乡，路过防里时见此处前有紫云峰，后有白云峰，中间枫溪河在阁下畲分为东西二水，沃野田园，茂林修竹，真乃风水宝地，遂决定不返湖南而在此定居。为纪念开基落户，在形如双龙戏珠两河交汇处种下这株香樟树，有三层喻义，一是该树代表

龙珠，二是为了营造“风水”格局使家族人丁兴旺，三是勉励子孙后代勤奋学习。开基后的防里村人才辈出，考取科举功名者有资格在阁下大洲种上一株香樟树。朝代不断更迭而樟树越来越多，古樟群落成为防里古村最重要的标志。据《分宜县志》记载，自唐朝以来，防里村共出了进士19名、举人12名、拔贡6名、诸贡百余人，成为远近闻名的“进士村”。

防里村人以清门自许。据史料记载，明朝权相严嵩唯一爱妻欧阳淑端的出生地就是防里村，在严嵩执掌国政的近二十年里，防里儒生们没有攀附富贵，反而为了避嫌而全部缺席科考，更没有人去奉承严嵩以求取一官半职。欧阳淑端去世后严嵩倒台，“海青天”海瑞亲自到防里微服查访，但没有查出一丝不当行为，“防里清门”名不虚传。

◆江西省新余市分宜县钤山镇防里村；东经114.6443°，北纬27.5537°，海拔118m。
◆树高29.6m，胸径3.75m，平均冠幅37.7m。
◆初植于南唐保大三年，至今树龄近1100年。

◇ 江西红井伟人樟

瑞金沙洲坝中央苏维埃政府的毛主席旧居门前，有一株古樟树，树高逾20m，枝叶繁茂，郁郁葱葱，它从根部就分成3叉，其中最粗壮的大枝胸径超过1m。

古樟树见证了20世纪30年代发生在沙洲坝的革命风云与辉煌历史。1933—1934年，毛泽东同志就在此古樟树下居住，工作之余常在树荫下读书。他还带领当地村民挖井取水，以实践行动破除迷信，使得沙洲坝人民结束了

◆江西省赣州市瑞金市红井旅游区毛主席旧居门前；东经116.0023°，北纬25.8836°，海拔203m。
◆树高24.3m，胸径3.63m，平均冠幅32.2m。
◆种植于元朝延祐年间，至今树龄700多年。

饮用脏塘水的历史，喝上了清澈甘甜的井水，毛主席带头挖的这口井被乡亲们起了个亲切的名字叫“红井”。新中国成立后，《红孩儿》《长征》等多部影视剧在此取景，20世纪60年代国家邮政局专门以古樟与毛主席旧居为主题发行过3张邮票，其面值分别为3分、4分、5分。

遥想当年，伟人曾在这古樟树下静坐、读书、散步、谈心、思考中国的命运，面对这株樟树，不禁令人肃然起敬，这棵古樟树可称为“最有历史意义的樟树”。

◇ 江西温汤樟树爷爷

跨过源自明月山的温汤河，远远望见长寿古村社埠村后面的一片竹木树林中探出古樟的突兀枯断枝。进村后来到樟树庙前，两尊石狮拱卫着庙宇大门，门首悬挂“樟树庙”匾额，两边门柱书“千年香樟彰智慧馨香”“一天光眼衍福祉灵光”对联。庙内供奉着的是一位老夫子，菩萨和金刚陪伴着他。经庙宇后门的围栏台阶来到树下，可见古樟深深扎入石缝间的粗大树根，树干庞大，在地面处即分出3叉，每叉枝高2～5m处又分出粗大枝条，或曲延

◆江西省宜春市袁州区温汤镇社埠村樟树庙后；东经114.2639°，北纬27.6891°，海拔186m。
◆树高24.8m，胸径3.54m，平均冠幅38.6m。
◆种植于魏晋南北朝时期，至今树龄超过1500年。

向上，或平伸向远，或突兀枯断，有雨水淋洒之处布满青苔，树身缠绕数条红布条，一片古朴沧桑感迎面而来。

相传清朝初年，在临江镇（现属樟树市）有一个开药铺行医的老者，有一年瘟疫肆虐流行，这位老人以其良药和妙术精心施治，救活了许多染病百姓，人们对老人感恩戴德，询问他是来自何路的医圣，他自称是来自社埠村的樟树爷。大家陆续康复后决定向其谢恩，然而遍访社埠乡邻却找不到樟树爷其人，人们便将这位恩人视为古老樟树显灵的化身，纷纷捐资，在樟树山林前盖起一座庙宇，供奉和纪念樟树爷爷，祈求平安、康宁、生育、长寿。

◇ 江西温汤樟树奶奶

古樟屹立于大布村村头，高大挺拔，古朴苍劲，走近可见树干树枝上长满了槲蕨及苔藓，几条薜荔攀缘而上。树下可见粗大的裸露根，分别向东、西、北三个方向延伸十余米，树干稍向南倾，高约4m处有瘤状突起两个，酷似乳房，两突起下方的树根部有条凹缝。村民将古树形象称之为“樟树奶奶”，正好与山另一侧社埠村的“樟树爷

爷”对应。

村民在树下西北侧建有庙宇一间，供奉着二王爷乃古樟树的守护神，信众常于农历初一和十五祀拜。古樟具有灵性，数百年来樟树枯枝虽多，然而从未砸伤过路人。祀拜二王爷时，有人在树上发现7条青蛇，口口相传间演变为七仙女下凡，更增添了古樟的神秘。

◆江西省宜春市袁州区温汤镇大布村东林自然村；东经114.2676°，北纬27.7005°，海拔177 m。
◆树高25.2m，胸径3.21m，平均冠幅40.1m。
◆种植于南宋嘉定年间，至今树龄超过800年。

◇ 江西东浒神樟

东浒村号称铜鼓县第一古村，在村头处耸立着一株古樟树，相传为宋代袁氏先人所栽植，已经历千年风雨，至今仍然枝繁叶茂，亭亭如盖，树干需十几人合抱。

此树故事甚多。传说古樟曾化身长白须的张（樟）郎中云游到湖南治病救人，患者问其来自何处时，他留下隐语道：“家住铜鼓三都东浒，南山对北山，家住塅中间，前看弯弓射箭，后听夫子弹琴。”谢恩者在东浒找不到张（樟）郎中，只发现古樟地处南山与北山间，正好前有石拱桥如“弓”，宝塔如“箭”，后有高山形似老人在弹琵琶，于是在古樟下焚香秉烛，拜谢“恩人”。当地人将古樟尊称为“樟树相公”，建起庙宇，逢年过节都会点香见拜，祈求其保佑一方平安。

有意思的是，古樟历经千年沧桑，今朝则有“入股”旅游的新传奇。当地成立旅游公司，将村中的古樟、古塔、古观、古桥、古祠都“入股”旅游开发，又在古樟树下扩大树池，敷设暗沟，并定期施肥，古樟长势越来越茂盛。

正如今人勲芝连《咏铜鼓东浒千年古樟》诗曰：“葱茏华盖一天骄，笑看人间已几朝。欲冠浒村兴大厦，尤冲雾霭扫凌霄。云霞簇拥千枝秀，日月梭流万事遥。阅尽沧桑从未老，而今又见客如潮。”

◆江西省宜春市铜鼓县三都镇东浒村；东经114.4740°，北纬28.6280°，海拔211m。
◆树高24.7m，胸径3.41m，平均冠幅46.7m。
◆种植于北宋前期，至今树龄超过1000年。

◇ 江西严田天下第一樟

严田古樟民俗园的镇园之宝，号称“天下第一樟”。古樟主干硕大，巨大的树枝像虬龙一般，从主干上腾空而出，横斜参差又苍古遒劲，让走近树下的人感觉到人生的尘微。

严田村的历史与古樟有关。据《严田李氏宗谱》记载，严田村始迁祖李德鸾乃北宋初年的金紫光禄大夫，因公差路过此地，观古樟已有500余年树龄，认定此地乃风水宝地，故在宋乾德二年（964年）举家迁来并开基立业。至于村名来历，据《婺源县地名志》记载，因李氏“占得从田之签，以严治家”，故名“严田”。

◆江西省上饶市婺源县赋春镇严田古樟民俗园；东经117.6526°，北纬29.3624°，海拔180m。
◆树高22.5m，胸径3.92m，平均冠幅30.6m。
◆种植于魏晋南北朝时期，至今树龄超过1500年。

相传北宋灭亡后，唯一逃出生天的皇子赵构逃命经过此地，金兵越追越近，情急之中的赵构爬上了这棵枝叶繁茂的樟树。躲过一劫的赵构后来建立南宋，使宋朝历史又延续了150多年。巨樟旁的“树德桥”，据说是宋高宗皇帝想起这棵救命树后下令改建的。

当地还有一个很有趣的民俗，附近幼童到了一定年龄，都要“过继”给大樟树——把“八字”用红纸包好放入樟树洞隙中，再举行过继仪式，以后即称大树为“干爹”了，大樟树保佑幼童身体健康，一生平安。大家都是古樟的干儿子或干女儿，故当地民风和谐，一团和气。

◇ 江西虹关古樟

虹关古村，始建于南宋建炎年间，因“仰虹瑞紫气聚于阙里”，故名“虹关”，又名“虹瑞关”。古村为古代饶州通往徽州必经之地，有“吴楚锁钥天双地，徽饶古道第一关”之誉。虹关古村的小溪旁，生长着一株大古樟树，因树形之高大、树形之美和树龄之长，被誉为“江南第一樟”。著名书法家王蘧常题写“虹关古樟”四字，以砚石刻碑留名。

◆江西省上饶市婺源县浙源乡虹关村，东经117.8999°，北纬29.5175°，海拔208m。
◆树高26.1m，胸径4.17m，平均冠幅43.0m。
◆种植于五代十国时期，至今树龄约1100年。

这棵古樟树的文化之深厚，实属全国罕见。据记载，虹关村人詹应甲在清朝乾隆南巡时召试献赋，钦取二等，村人为纪念詹应甲获奖的才华，以“风华正茂”命名此古樟，曰“风华樟”。1933年，村人詹佩弦专门征集吟诵此树的诗词、文章50余篇，编印成《古樟吟集》，诗集诗句有“树荫虹关数百年，休黟祁歙盛名传，几多词客增诗意，仰视云霞府听泉”“下根磅礴达九渊，上枝摇荡凌云烟”等，尽显文人雅士对婺源“虹关古樟”的赞美。一书专赞一树，在全国也十分少见。

◇ 江西海口华夏第一樟

古樟生长在德兴市海口镇海口村，树体巨大、年代久远，经省、市林业部门检测鉴定为上饶市最大、最古老的樟树。该树树蔸有一个逾10m^2的空洞，宛如一个天然的避雨亭，无论外面下多大的雨，洞内滴水不漏，并带有一种浓浓的香樟味，里面常年平坦、干燥，村民喜欢在古樟树“肚子”里摆桌打麻将。古樟曾遭受过多次雷击和火灾，但在村民们的精心抢救和呵护下，依然枝繁叶茂。

古樟因树形奇特而声名远播，吸引了各方游客。树下仰观，可见树干树枝上的龙头摆尾、大雁南飞、孔雀开屏、凤凰展翅等造型；入树洞内仰望，可见关公观音打坐、姜太公钓鱼等影像，令人浮想联翩。2018年4月，经中央电视台第二套节目《是真的吗》验证，树洞内可同时容纳64个人。目前，这棵千年古樟已被当地作为旅游景观予以重点保护，据村支书介绍，已注册了商标“华夏第一樟”。

◆江西省上饶市德兴市海口镇海口村；东经117.8130°，北纬29.1064°，海拔57m。
◆树高20.0m，胸径4.16m，平均冠幅35.0m。
◆种植于东汉建安年间，至今树龄约1800年。

◇ 江西泰和笔架樟

位于赣江边的金滩古林中有一株古樟，树围超过7m，主干离地1.8m左右成3叉分开，形似“笔架”，人称“笔架樟”。据说，明朝万历年间进士康梦相小时候常在这棵樟树下读书，后金榜题名，成为村里第一个考取进士进京做官的人，人们又称这棵古樟为“状元树”。

金滩古林位于泰和县塘洲镇朱家村金滩自然村南面的赣江河畔，与泰和的历史名胜“龙头山狗子脑塔”隔江相望。这片古林面积300多亩，林内古木参天，郁郁葱葱，生长着樟树、枫树、水蜡树、油珠树等多种名贵树种，林业部门已登记编号树龄200年以上的古树就有200多株，而其中粗大的樟树要5~6个人合抱才能围拢，是一处保护完好的自然景观。

◇江西省吉安市泰和县塘洲镇朱家村赣江边；东经114.9629°，北纬26.8023°，海拔54m。
◇树高20.9m，胸径2.34m，平均冠幅24.9m。
◇种植于北宋前期，至今树龄超过1000年。

◇ 江西安福严田古樟

江西吉安安福县又称“中国樟树之乡”，有所谓“有村就有樟，无樟不成村”的说法。严田镇严田村有一株被称为“五爪樟”的古樟，相传为汉代遗物，距今已有2000余年，树龄在全江西位列第一，即江西“樟树王”。树形高大，主干从地面约5m处开始分叉，高低5个杈如巨龙伸出的五爪挚起巨大的树冠，蔚为壮观，“五爪樟”由此得名，当地老表亦称其为“魁手樟”。可惜的是，这株古樟树在1948年被巨雷劈去1杈，2008年冰冻雨雪灾害中又倒掉1爪，现在只剩下3爪。虽然主干空朽，但仍枝叶繁茂异常，树形伟岸，浓荫蔽日，形似华盖罗伞，现又成为

白鹭等鸟类的天堂。

相传在一个万里无云的夜晚，从天上降临一个火球落在顶冠，照得树下遍地红光，人们都担心樟树被火球烧毁，没想到第二天黎明，却发现此树反而更加枝繁叶茂，故当地人称之为“神树”。千百年来，当地村民将它当作“龙脉树”“风水树”进行保护，并曾在古樟附近建有小庙，用于供奉祭拜“坛官菩萨”“樟神”。每年正月十五，村民们都会组织鼓乐队、龙灯队，到古樟树下举行祭樟活动，传承樟乡独有的樟树文化。

◆江西省吉安市安福县严田镇严田村村委老屋村；东经 114.3792°，北纬 27.3659°，海拔 108m。
◆树高 33.0m，胸径 4.25m，平均冠幅 39.0m。
◆种植于汉代，至今树龄超过 2000 年。

◇ 江西邵家卧樟

在安福县邵家村村委王家堂自然村，有一株号称“八面樟”的古樟，但是到了现场，只见2大枝斜立，3大枝倒卧，其中一卧枝的树干上有成排的萌芽新枝，依然枝繁叶茂，生机盎然。

这株倒卧在地的古樟历经了众多磨难。据专家考证，古樟为汉代种植，树龄2000多年，2006年之前树高30m，离地面1.8m处主干分出8个大枝，被人们称为“八面樟”，胸围达到惊人的21.5m，为全国樟树之冠，堪称“樟王”。由于年代久远，根部已腐烂空心，20世纪80年代前多次遭受雷击及霜冻灾害，失去多个分枝。2006年6月，一场百年罕见的龙卷风席卷而来，这株全国最大的汉樟被连根拔起，惨遭灭顶之灾，当地林业部门采取了积极的救护措施，古樟才存活至今，因主要大枝卧倒，人们又称之为“卧樟”。

◆江西省吉安市安福县严田镇邵家村村委王家堂自然村；东经114.3805°，北纬27.3481°，海拔150m。
◆树高21.0m，胸径0.9m，平均冠幅23.5m。
◆种植于汉代，至今树龄超过2000年。

◇ 江西三湾古樟

在著名的"三湾改编"旧址——永新县三湾乡三湾村，有一株古樟，枝叶浓密、树势苍健，备受人们的关心和喜爱。

三湾古樟见证了中国革命的发展。1927年9月29日，毛泽东率领秋收起义的部队经过三湾村，部队领导在村中"泰和祥"杂货店召开会议，决定对部队进行整顿和改编。就是在此樟树下，毛泽东宣布改编并决定作动员讲话。在三湾居住期间，毛泽东深入老乡家进行了社会调查，还带领战士亲自修挖了两口水井，解决了村上百人的饮

◇江西省吉安市永新县三湾乡三湾村枫树坪；东经113.9679°，北纬26.8475°，海拔199m。

◇树高16.1m，胸径1.71m，平均冠幅25.5m。

◇种植于南宋嘉定年间，至今树龄约800年。

水问题，后来这两口水井被命名为“红双井”。10月3日，毛泽东带领工农革命军离开三湾，继续向井冈山进军，中国革命掀起了新的高潮。

“三湾改编”从政治上、组织上保证了党对军队的绝对领导，标志着毛泽东建设人民军队的思想开始形成。如今，古樟树下已建成红色教育基地，包括三湾毛泽东旧居、士兵委员会旧址、工农革命军第一军第一师第一团团部旧址、三湾改编纪念馆、三湾改编纪念碑等，三湾改编旧址群为首批全国重点文物保护单位。

◇ 江西水南阎罗樟

我国规模最大的古樟林“中国第一古樟林”位于乐安县牛田镇，樟林的主体在水南村的水南洲，其中有一株阎罗樟，因树墩极像阎王像而得名，也有称之为“神王树”。

乡民盛传，先前的水南洲上，樟树、常青竹、灌木、芦苇等把洲上遮掩得密不透风，每当大风大雨来临之际，此树群便会发出呜咽之声。清代中期，该村丁溥（又称“丁百万”）的一房侄子家养的一头母猪突然间几天不见，寻到洲上，只听见洲内有猪哼哼，遂发动村上200多人到洲中寻找，却始终搜寻不到猪的踪迹。百思不得其解之时，一位陌生银须老者飘然而至，对他说：“你到阎罗樟树下燃香焚纸，傍晚时分，你家的猪就会回来，还会给你带来惊喜。”其侄随即按老者指点去做。当日下午，他家的母猪果然回家了，还带回了一窝小猪。此后，附近村庄不管谁家牲畜走失或者生病都会来此焚香烧纸，此风俗一直延续至1949年。新中国成立后，乡亲们自觉抵制迷信活动，再也没有乡民来此树下燃香祈祷了。

◆江西省抚州市乐安县牛田镇水南村东头恩江边；东经115.7311°，北纬27.2976°，海拔96m。
◆树高20.0m，胸径1.43m，平均冠幅30.5m。
◆种植于清朝康熙年间，至今树龄约300年。

◇ **江西水南马鞍樟**

水南古樟林中有一株特殊的古樟，主干分3枝，2m处有3凹，树干形似马鞍。

相传，南宋时期，文天祥曾在他出资重新修缮的石桥寺内潜心读书。一日，文天祥到流坑游历，路过水南村古樟林，看到这棵奇特的樟树似一匹跃身上岸的龙马，于是心血来潮地跨上去，作勒马提枪状，口呼："青龙驰骋收北疆。"村中一周姓长者恰巧路过，捻须赞曰："此君定是将帅之才也！"此后，乡民为纪念一代忠臣文天祥，特把他骑跨过的这棵樟树命名为"马鞍樟"。

◆江西省抚州市乐安县牛田镇水南村东头恩江边；东经115.7305°，北纬27.2979°，海拔92m。
◆树高22.8m，胸径4.00m，平均冠幅29.6m。
◆种植于唐代元和年间，至今树龄约1200年。

◇ 江西水南三仙樟

牛田古樟林中最大的古樟，主干高约1m处分为3枝，当地人称“三仙樟”。

关于“三仙樟”有一个传奇故事。得道成仙的浮邱伯、王方平、郭族三位道长云游到乐安牛田镇北岭的会仙峰，看到水南洲上古木参天，荫翳蔽日，洲和村庄连成一片，像一个长长的、漂动的木排，存在着极大的洪水隐患。三仙决定先进村探查民风，再决定如何做。于是，浮邱伯变成一乞讨老妇，歪倒在进村路上，村人不顾其肮

◆江西省抚州市乐安县牛田镇水南村东头恩江边；东经115.7339°，北纬27.2998°，海拔85m。
◆树高21.1m，胸径2.00m，平均冠幅26.3m。
◆种植于唐代元和年间，至今树龄约1200年。

脏，把她背进家中并喂食；王方平化作一流浪汉到了村中油巷并偷了油铺中的麻油，然而老板并没有打骂，反而送给他一些油和银两；郭族变成的妙龄女子装作不小心掉进路旁池塘中，村民闻讯赶来抢救……傍晚时分，三仙详谈了各自经历，一致认为乡民甚是淳朴、善良，他们应该为乡民排除洪水隐患。于是，三仙把自己的宝剑化作北岭的一个称为“铁镦”的山头，似铁锚牢牢拴住了水南村这个“排形”地势，然后他们三仙又变化成洲中的这棵樟树，即三仙樟。多年来，无论洪水多大，这棵“三仙樟”如同破水礅一样把洪水分开，“铁镦吊排，水涨排高，三仙镇洲，水南万年”之说因此流传。

◇ **江西莲河马面樟**

牛田镇乌江水畔，有一片浩瀚的樟海，一万余株樟树绵延十几里，蔚为壮观，漫步林中，樟香袭人，鸟语蝉鸣。樟海中一处叫莲荷洲的地方，生长着一株形态奇特的千年古樟，长势良好，枝繁叶茂，主干粗大，下部长着支撑大树的板根及瘤突起，树干中部则天然形成不同形态，似牛头、似马面、似象鼻……当地村民称之为“马面樟”。树下生长有决明、陆英、凹叶景天、紫金牛、凤丫蕨等草本植物，古树上附生蕨类、攀爬藤本，与周边古树自然构成一个较为完整、稳定的森林生态群落。

古樟见证了乌江的潮起潮落，2016年荣登抚州市“十大树王”榜首，2019年“江西树王”评选中又入选了“江西十大古樟树”。

◆江西省抚州市乐安县牛田镇麻坑村莲河自然村；东经115.7415°，北纬27.2878°，海拔95
◆树高28.2m，胸径2.88m，平均冠幅44.0m。
◆种植于五代十国时期，至今树龄约1100年。

二、华中古樟树

华中地区包括河南、湖北、湖南三省，地形以岗地、平原、丘陵、盆地、山地为主，湖北、湖南两省的长江中游地区为亚热带季风气候，土地肥沃，以樟树为代表的亚热带常绿阔叶林生长良好，湖北省南部咸宁、黄石两市以及湖南全省都保存着形神兼备、声名远扬的古樟，本书精选湖北4处、湖南18处的古樟树予以介绍。

◇ **华南东安白竹古樟群**

湖南永州市东安县井头圩镇永兴村白竹村六组，有一片名声遐迩的古樟林，林中共有千年古樟11棵，其中有9棵树龄高达1100年，号称白竹“九老”，每棵胸径都有2m以上，最大的一棵胸径达3m，平均树高22m，最大冠径35m。9株古樟伸展着如伞的绿盖，把整个村子遮得严严实实。村民于树下休闲或锻炼，其乐融融。

据介绍，该村村民全都姓田，查阅田氏家谱可知，田氏始祖于明初从江西吉安府太和县迁入湖南永州府东安县，发现此地有高大樟树12株，于是就在大樟树下开基创业。祖先们历来对古樟爱护有加，古樟所在地被视为村里的风水宝地，四周砌有围墙，有人值班保护，并立下族规民约，不准村民进入，更遑论摘取树叶、攀爬等。遗憾的是1958年，村办学校的学生课桌无从置办，在百般无奈之后，有人提出伐古樟做课桌，村民一开始集体反对，开会十多次后才勉强同意锯掉一棵，后做成了课桌60余套。听说有一位参与砍伐的村民从树上跌落，差点丢命。人们便开玩笑地说“人老有脾气，树老有灵气”，大自然让人敬畏，是不好惹的。

古樟林是人们体验乡村风光、感受绿色家园的好去处，特别是2020年“永兴村千年古樟群主题公园”建成后，更成为远近有名的网红打卡地，持续不断地吸引着周边市民前来打卡。

◇ 湖北车田香樟

当地佳话相传，北宋仁宗朝时本村人吴中复、吴几复、吴嗣复三位亲兄弟，从小在村后北台山刻苦读书，先后考中进士，而且吴几复、吴嗣复同年考中，当时轰动不已，因一门三进士，乡民们尊称他们为“吴三贵”。当朝皇帝为表彰吴氏三兄弟的杰出表现，下旨将此地改名为“崇儒乡双迁里”，意思是这里崇尚儒学，以致兄弟双双升迁。最为著名者吴中复，是北宋仁宗、神宗两朝名臣、诗人，其为人刚正不阿，弹劾过两任宰相，仁宗嘉其清廉刚直、

风节峻厉，飞白“铁御史”三字以赐，时号为“铁面御史”。晚年遭贬告老还乡，隐居耕读，栽下不少香樟，并以樟树的风骨自况。

因见证变迁、故事传奇，这株古樟受到当地一代又一代村民的齐心保护与敬仰，可谓是“刚正不阿铁御史，崇儒双迁栽香樟”，樟树所代表的风骨故事流传千古。

◆湖北省咸宁市通山县洪港镇车田村后背坎；东经114.8292°，北纬29.4992°，海拔86m。
◆树高29.0m，胸径2.50m，平均冠幅38.3m。
◆种植于北宋熙宁年间，至今树龄约950年。

◇ 湖北八斗古樟

嘉鱼县高铁岭镇八斗角招公山与陆水河之间，有一株古樟，树身巨大，但仅剩大半边的树皮，其上长满萌芽次生枝，为县境内最古老的树木。

据当地杜姓家族家谱记载，其先祖元末明初时为逃避战乱饥荒而举族迁徙，途经此处时发现一棵“粗如脚盆”的大樟树，认定此是一方风水宝地，遂在此安家落户，村名就叫“樟树杜家”。故老相传，亦有先民在北宋景德甲辰年间即见到此树的说法。古樟历经千年风雨沧桑，近代以来还历经过多种有记载的劫难：抗战时期，鬼子的飞机空投炸弹，古樟被炸得四分五裂；1984年，遭雷击而枝干断折；1997年，村中顽童玩火引发火灾，烧了一天一夜后主枝坍塌，根部留下可容纳一桌人围坐的大缺口，有好几年古樟都没有绿叶，众人皆以为已死无疑，没有想到它又从残留枝干上冒出无数新枝，显示出顽强的生命力。当地村民将古樟奉为“神树”，十分爱护，不允许任何人攀枝折叶，并经常到树下供奉和祈福。时至今日，当地村民还保留着家有喜事拜树的习俗。

当地政府把古樟当作旅游景点的重心来打造，除挂牌重点保护外，还专门修建了通村公路，建起一座环树广场，在古樟下面修建了大理石书台，台面上镶刻着许多篇咏古树的诗词，为古樟增添一份深厚的人文气息。

◆湖北省咸宁市嘉鱼县高铁岭镇新庄村村委杜家村；东经113.7563°，北纬29.8236°，海拔25m。
◆树高21.4m，胸径2.89m，冠幅18.5m。
◆种植于五代十国时期，至今树龄1100年左右。

◇ 湖北樟桥社王樟

阳新县樟桥村村委胡政组村中古樟众多，其中有一株特别巨大，位于村中央，古樟树下即为土地社，有神位及供台等。腊月、正月及各种传统节日，村民们常来此祭祀，祈求风调雨顺、五谷丰登，感谢神灵带来一年的收获。正所谓“社头耸立气势雄，风霜遍历度千秋”。

◇湖北省黄石市阳新县枫林镇樟桥村村委胡政组；东经115.4092°，北纬29.7185°，海拔23m。
◇树高32.0m，胸径2.40m，冠幅18.5m。
◇种植于北宋大中祥符年间，至今树龄超过1000年。

◇ 湖北水源社王樟

古樟屹立于村头，其根部越长越大，几乎把一大块岩石包裹起来。有多种植物寄生在树干、树枝上，其中有薜荔攀缘生长于树上。正所谓“石上屹立护百姓，千年风雨历沧桑”。

村民视古樟为神树，农历的初一及十五到树下祭拜。

◆湖北省黄石市阳新县枫林镇水源村竹林组；东经115.3409°，北纬29.7283°，海拔21m。
◆树高25.0m，胸径1.35m，冠幅13.0m。
◆种植于北宋前期，至今树龄约1000年。

◇ 湖北牛牧山古樟

瓦屋垅是一个很有古朴涵义的自然村名字，村中有一株华荫如盖的大樟树，2021年湖北评选五大树王时被选为“最大（冠幅）古树”。站在树底下仰望，张开的树枝叶像巨大的华盖一样，纵有数百人聚集于树下，也都能感受到遮天蔽日、远离都市喧嚣的情趣。

根据树旁《千年古樟记》碑文的记载，人们推测古树应植于宋真宗赵恒当政期间。虽经历了千年风雨，古樟仍傲然挺拔、茂密蓊郁，不停地散发出沁人心脾的香气，人们在古樟树下纳凉，吟唱黄梅戏，也吸引了众多鸟儿筑巢于树冠上。鸟儿又把樟树粒散布四周，于是树王与它的后代们形成一个独特的香樟树景观群，山村变成了一个遮掩在樟树绿荫里的森林乡村。近年人们投巨资打造了香樟园生态旅游区，随着名气日渐高涨，古樟迎来游人如织，千百年来精心呵护它的村民们也有望因旅游业而增收致富。

◆湖北省黄冈市黄梅县苦竹乡牛牧山村瓦屋垅；东经115. 8681°，北纬30.1487°，海拔79.6m。

◆树高26.0m，胸径2.30m，冠幅38.5m。

◆种植于北宋前期，至今树龄超过1000年。

◇ 湖南新园古樟

浏阳市古港镇新园村古樟的形态十分奇特。远看可见3枝直径超过1m的主枝，仅剩一枝仍旺盛生长，不复遮天蔽日的气势。近观可见主干已空心，上有2个大树洞。因树洞内别有洞天，可称为最有“韵味”的古树。古樟是目前长沙干径最大的古树，入选“最喜爱的长沙十大古树”。

据村民描述及树下石碑介绍，村中居民以姓罗为主，为纪念其秦汉时期出生于此地的始祖罗珠，罗氏后人种植了该株樟树，并将古樟命名为“罗根”，刻立有石碑一座。古樟旁边原建有罗氏祠堂，民国时因一场大火焚烧殆尽，故当地也叫“火烧大屋”。

据村民介绍，古樟历经雷击、火灾、洪水等多重磨难，仍是荫庇一方的福树，在1954年的大洪水中攀树获救的村民尤其感恩古樟。在千年古树荫庇下，村民们世代繁衍生息，新园村成为享誉全省的长寿村。如今，村民们喜欢聚在古樟树下，跳广场舞、话家长里短，古樟树成为当地人休闲娱乐的好去处。

◆湖南省长沙市浏阳市古港镇新园村大屋组；东经113.7966°，北纬28.2775°，海拔90m。
◆树高26.2m，胸径4.07m，平均冠幅31.1m。
◆种植于北宋前期，至今树龄约1000年。

◇ 湖南黄巢拴马樟

衡阳营盘山公园内有2株古樟树，体型巨大，躯干伟岸。其一虬枝交错，树冠伸空，宛若巨伞，绿荫蔽天，冬可遮雪，夏可蔽雨。另一株仅余2主枝干且枝枯叶落，枯干灰黑，树干上仅有的几丛嫩芽也垂头萎蔫，牵手走过千年的“夫妻树”可能失去伴侣。

相传唐末僖宗乾符六年（公元879年）冬，黄巢起义后曾屯驻在花光山一带，花光寺为进攻潭州（今长沙）的总指挥部。黄巢与副将常常将马拴在这两株大樟树下，故樟树又名“黄巢吊马樟”。花光寺内“了空”和尚与黄巢

是同乡，但其做了许多危害百姓之事，民愤极大。当黄巢即将出征攻打潭州时，手下将领都提议拿“了空”开刀祭旗。黄巢不忍心杀他，于是交代他在祭旗之前躲起来。出征当天，“了空”钻进一株空心大樟树躲起来，众军士到处寻找不着。没想到出征祭旗仪式正好就设在这株空心樟树附近，黄巢有心放过“了空”，便提议改用这株樟树来代替和尚祭旗，刀斧手们将樟树砍断，和尚的脑袋也随之滚出来。黄巢叹息着说：“恶人终于难逃一死，你也怨不得我！”从此，衡州府（今衡阳市）就流传了“黄巢兴兵八百万，了空和尚开头刀”的故事，也有人称之为“黄巢杀人八百万，在树（数）一人也难逃”。人们将花光山称为“黄巢岭”，后因黄巢名声不佳，“黄巢岭”又改成“黄茶岭”并沿用到今。

◆湖南省衡阳市雁峰区黄茶岭正街23号营盘山公园；东经112.6138°，北纬26.8743°，海拔53m。
◆健康株树高21.0m，胸径3.11m，平均冠幅27.5m。
◆种植于隋代大业年间，至今树龄超过1400年。

◇ 湖南九龙古樟

炎睦高速公路经过的霞阳镇九龙村有一株树高逾26m、胸径超过3m的大樟树，神奇的是古樟仍是实心的，树根往上大约2m处分出5根巨大分枝，冠幅巨大，投影占地近2亩。树围最大处达到12m，需要6个成年人才能合抱，名列湖南第二。

附近村民介绍，古樟树周边居民大多为罗姓，迁自广东，当年罗姓先祖因山高林密，树木众多，居住处不易寻

◆湖南省株洲市炎陵县霞阳镇九龙村华山组；东经113.7086°，北纬26.4988°，海拔210m。
◆树高26.5m，胸径3.11m，平均冠幅35.9m。
◆种植于五代十国时期，至今树龄约1100年。

找，故于茅屋前栽樟树一株，让高大的樟树成为住处的标记。

当年修建炎睦高速公路时还有一段保护古樟的故事。建设方认为古樟树巨大树冠会阻碍高速行车视线，经与湖南省林业厅专家及当地村民多次商讨后，建设方对古樟树实施了部分“截枝手术”，虽然增加了100万元的投资，但既满足了工程安全的需要，又确保了古樟生命的延续，使得“绿色文物”长青，这棵罕见古樟也为高速公路石鼓段增添了一道靓丽的风景。

◇ 湖南油圳双樟

株洲市渌口区有一所“拥有”千年古樟的特色小学，即油圳小学，校园东侧围墙边耸立着2株古老但仍生机盎然的大樟树。北侧一株，树身主干因白蚁蛀食等原因失去大半，仅南侧保留约2/5的树皮，但仍有一枝粗大萌枝向东侧突兀伸出，幸好有围墙外的铁柱支撑以免侧翻；南侧一株，昂然挺立的主干高约4m，长出数条萌枝，枝叶繁茂，精神矍铄。

◇湖南省株洲市渌口区渌口镇油圳小学校内；东经113.2389°，北纬27.7026°，海拔44m。
◇树高15.4m，胸径2.17m，平均冠幅20.2m。
◇种植于唐代元和年间，至今树龄约1200年。

据油圳小学刘校长介绍，学校在日常教育中融入了大量与古樟树有关的元素，文化特色鲜明，专门谱写了一首校歌《樟树下的童年》，“香樟树下是我的校园”，孩子们愉快学习、生活，幸福成长，学习樟树扎根大地，茁壮成长；围墙上篆刻着多首古诗词，如“盖地擎天态妍，沧桑历尽自悠然”，鼓励师生如同樟树一样，奋发有为、积极向上。

◆湖南省株洲市渌口区渌口镇油圳小学校内；东经113.2388°，北纬27.7025°，海拔44m。
◆树高16.3m，胸径2.61m，平均冠幅18.6m。
◆种植于唐代元和年间，至今树龄约1200年。

◇ 湖南张飞拴马樟

千年古镇朱亭，古称浦湾，相传南宋乾道二年（1166年）朱熹与张栻游南岳路过时应当地人请求而停留讲学，后人为纪其事而将二人讲学之处称为“朱停”，亦曰“朱亭”。在朱亭镇狮子岭下湘江河畔，有一古樟，枝虬干挺，三大主干已一枯一断，仅剩一枝仍在萌生侧枝，生机勃勃。树下有白石围栏及花岗石马一尊，东南侧刻有《拴马樟记》碑文一则，简要记载拴马樟来历及诗词一首，落款“朱亭镇人民政府”。

关于“拴马樟”的来历，有个故老口口相传的故事。东汉末年，三国纷争，刘备袭取荆州后，张飞率部溯湘江而上，船靠蒲湾后，张飞牵马登岸，将马拴在一株樟树上，将丈八蛇矛靠在树上，随后进达摩祖师殿焚香，长时间没有出来。忽然间，拴在树下的战马长鸣不止、咆哮欲飞。张飞闻声而出，非常惊异，便解缰上马，战马驮着张飞泅水过江，刚抵达对岸，吴兵便追到蒲湾。后人因这段典故，给古樟取名“拴马樟”“系马樟”或“依矛樟”。根据三国名将张飞（公元168—221年）所处年代推算，该樟树生存时间超过1800年了。

◆湖南省株洲市渌口区朱亭镇古镇社区居委会；东经113.0604°，北纬27.4351°，海拔43m。
◆树高16.2m，胸径1.54m，平均冠幅12.4m。
◆种植于东汉末年，至今树龄1800多年。

◇ **湖南相思塘古樟**

韶山市清溪镇狮山村有一株树龄800多年的古樟树。主干威武挺立，站在树下仰望，可见三个分枝朝着不同方向伸展，蔓延的树枝上密叶青翠，逾20m的树高和占地超过1100m^{2}的冠幅让人犹如置身于绿色苍穹之下。远远望去，树冠广展，气势雄伟，犹如一把绿色“大伞”支撑在天地间。越走近，越是香气袭人，绿荫清凉。在古树粗壮的树干上，还长了不少附生植物，如苔藓、蕨类等，枝叶间还有鸟类栖息，无不让人感受到古樟树蓬勃的生命力，感受到岁月的悠长。

韶山市林业局相关负责人介绍，这株古樟树荣登“湖南最美古树”榜。

◆湖南省湘潭市韶山市清溪镇狮山村相思塘；东经112.5361°，北纬27.9075°，海拔76m。
◆树高20.6m，胸径1.96m，平均冠幅34.6m。
◆种植于南宋庆元年间，至今树龄超过800年。

◇ 湖南桦树樟

天湖桦树樟位于汨罗江畔的渔潭大王庙旁，将近10层楼房高，气势恢宏，挺拔伟岸。当地流传古樟为唐代吏部尚书吴璋所植，文德元年（公元888年），吴璋因不满朱温夺政而弃官，举家迁至平江，并在江畔种植樟树。

据传宋代时此树被皇帝赐名为“樺树”，当地建造了一座樺树庙作为纪念，樺树庙附近的一座石碑，联曰：“桦风

招紫气，树荫蘙青云。四时挺拔，万古长青。”靠近古樟的旧庙已被拆除，树冠之外另建新庙，庙名“渔潭大王”。

当地政府为保护古樟，实施了加装围栏、树根填土、防治白蚁、支撑等各种措施，并利用古树的知名度开发旅游产业，慕名而来的游客络绎不绝，游客们在感叹大自然神奇魅力的同时，可领略到这棵“活文物”“活化石”沧桑年轮上的历史文化。

◆湖南省岳阳市平江县三市镇天湖村渔潭大王庙旁；东经113.6952°，北纬28.5901°，海拔79m。
◆树高25.2m，胸径3.90m，平均冠幅45.1m。
◆种植于唐朝末年，至今树龄超过1100年。

◇ 湖南古香樟树王

位于临湘市江南镇东冶村张大屋的“古香樟树王”，树形优美，枝繁叶茂，宛如一把巨“伞”，护佑着整个山村

◆湖南省临湘市江南镇东冶村张大屋；东经113.4130°，北纬29.6525°，海拔27m。
◆树高20m，胸径2.09m，平均冠幅26.2m。
◆种植于唐代元和年间，至今树龄约1200年。

屋场，真正印证了“独木成林”的意境。

◇ **湖南丹砂古樟**

走进丹砂村，村中可见一株千年古樟冠如伞盖，新生的嫩叶迎着金黄的阳光，透明如片片碧玉，不显眼的樟花香飘四野。2007年，常德市园林局认定古樟的树龄为1000年，列入一级古树保护名录，修建了栅栏，对树枝进行整形，千年古樟枯木逢春，朝气蓬勃。

古樟与丹砂人休戚与共，当古樟遭逢劫难，村民历尽艰辛护树；当村民有难，古樟护佑村民。村民介绍，古樟经历的劫难可概括为一断二砍三火烧：一断是指1954年古樟西面4根两人合围之粗的大枝突然断枝；二砍是指1958年对樟树剥皮锯枝炼药给棉花杀虫，1969年计划将古樟树卖给腰堤船厂而请来锯匠和挖树民工到树下砍挖，弄得古樟树皮损枝残，面目全非；三火烧是指1954年干旱求水，1958年盗树洞蜂蜜，1996年香客求福而导致的3次大火。古樟佑民则是指洪水到来时村人因古樟而获救。尤其是新中国成立前，每到山洪暴发，江堤溃决，古樟即使被洪水冲刷仍岿然不动，丹砂人或攀附在粗大的树枝上，或结木筏系于树干，在樟树的庇护下，安

然度过一次又一次洪灾。如今每年的清明节，丹砂人都会在樟树下搭台唱戏，祭拜祖先，人与树和睦相处，其乐融融。

关于古樟树的来历还有一个传说。很久以前，当地有位为富不仁的地主名叫章百万，家有良田千亩。章百万怕树长大了会荫蔽庄稼而减少收成，又怕长工偷懒倚树小憩，所以千亩良田上不肯栽一棵树。一年二月的一天，长工们一边劳动，一边商议如何说服地主植树之事，这时，一位白胡子道人路过此地，便出谋划策："三月三日那天，你们到河洑山犀牛口，那里有两棵小树，是犀牛口的两根犀牛角，见五见六必点头，将点头之树挖来栽上，必能长成参天大树。"长工们按照道长的指示，趁章百万去京城办事之机，派谢五、李六去挖回小树，为了方便歇凉，便在甘长湖北岸栽一棵，新堰旁栽一棵。小树栽上之后，长势迅猛，一天可长一尺[①]多。一月之后当财主回来时，小树已长成参天大树，财主欲伐树但怕神灵惩罚，又因本人姓章，便认大树为祖宗将其保留下来，其中甘长湖北岸这株保存至今。

① 1尺=1/3m。以下同。

◆湖南省常德市武陵区丹洲乡丹砂村；东经111.6011°，北纬28.9776°，海拔18m。
◆树高23.0m，胸径2.90m，平均冠幅22.9m。
◆种植于北宋前期，至今树龄超过1000年。

◇ 湖南溪口红军树

王家坪古樟树十分高大，雄壮挺拔。由于树龄长，自然衰老严重，历经千百年的风雨侵袭、电闪雷击、战火洗礼，加上1949年前树蔸北侧受到了一定的人为损坏，2002年夏天又因雷击起火后燃烧了2个多小时，导致树根烧出了大窟窿，因此古树生长势比较衰弱，树枝大部分已经枯死，大风中常有枯枝断裂、脱落。

据介绍，古樟阅尽世事沧桑，在20世纪30年代还曾见证过一段红色革命传奇。1935年2月，贺龙、萧克等领导的红二、六军团在千年古樟下召开大会，收编了一支农民队伍，这株古樟树因此得名为“红军树”。为保护古樟树，当地县政府筹资修建了溪口镇“红军树”主题公园，建起了数十米高的避雷塔针，清理消毒古樟根部窟窿后以混凝土填补，在周围堆上高达2m的土壤层，砌起圆形石墙，并修建石碑刻载有关资料及历史，同时在公园内修建小型展厅，展示革命前辈在溪口镇开展革命斗争的历史。

现在溪口“红军树”主题公园和村里的湖南省级文物保护单位“苏维埃溪口区政府旧址”等文化遗存一道成为“红军精神”的象征，是共产党员党性教育基地、青少年革命传统教育基地。借助古樟的名气，当地政府除搞好乡村公路等基础建设外，还大力发展红色旅游、生态休闲度假游和特色农业产业，拓宽了当地老百姓的致富门路，贫困户都实现了脱贫奔小康。

◆湖南省张家界市慈利县溪口镇樟树村王家坪；东经110.7406°，北纬29.2423°，海拔112m。
◆树高22.4m，胸径3.39m，平均冠幅21.5m。
◆种植于北宋前期，至今树龄超过1000年。

◇ 湖南文星古樟

走在郴州市北湖区文星路上，周边高楼林立、车水马龙，路旁有一株古樟如亭亭华盖，历经千年风雨仍生机勃勃，人称“文星古樟”。当地政府专门修建了保护古樟的休闲公园，占地近10000m^2，成为市民休闲的好去处。

相传唐德宗贞元十九年（公元803年），时任监察御史的韩愈因上诉天旱人饥和宫市之弊，触怒德宗而被贬出京，流放到连州阳山为县令。贞元二十一年，韩愈被赦北归，途中在郴州暂住，候旨待命长达3个月，期间种下此樟树。韩愈谥号“文”，又叫韩文公，是“唐宋八大家”之首，据传为文曲星下凡，故后人称此树“文星古樟”。韩愈在郴州停留是有据可查的，虽然史料并未对韩愈种树多做注解，但这个说法确为当地老百姓世世代代流传，当地先辈也都嘱咐后人要爱护好这株樟树。由此可见，此说法可信度很高。“文星古樟”既是中华民族悠久历史与文化的象征，也是自然界和先人留给后辈的无价珍宝。

◆湖南省郴州北湖区文星路文星湾；东经113.0180°，北纬25.7790°，海拔161m。
◆树高26.5m，胸径2.78m，平均冠幅37.6m。
◆种植于唐代贞元年间，至今树龄超过1200多年。

◇ 湖南无量寿佛樟

郴州市永兴县注江村的便江河岸有一株单株成林的古樟，树冠覆盖面积约1000m^2，只见古樟与古藤千头万绪生长在一起，形成“藤缠树”“树抱藤”的有趣景观。

古樟又名“长寿树”“福寿树”，传说是“无量寿佛”释全真当年出家到郴州开元寺期间种植，当地百姓称之为“镇江之宝”。令人惊奇的是，古樟背面的长藤像一个草书的“寿”字，于是人们又称此树为“长寿树”。古樟在3m高处分枝时，一些下层枝条与上层枝条长在一起结成“连理枝”，故又有“连理树”的美誉。古樟树枝丫交错，宛如九条龙盘踞在树冠，又被人称为“九龙古樟”。据说因该地有灵气、福气，是一块风水宝地，释全真大师圆寂

后，其遗骸被送回到这里安葬，日夜与古樟为伴，人们也把这棵古樟称为“寿佛樟”。

无量寿佛释宗慧，俗姓周，名全真，唐开元十六年出生于湖南资兴周源山，最初在郴州开元寺出家受戒，后经行僧指点到淮南经山（今杭州市北）拜道钦禅师为师。唐天宝七年随道钦禅师进京晋谒了唐玄宗。唐至德元年在广西湘源县（今全州）开创净土院，开演大乘教义，信众认为他是无量寿佛应化，顶礼膜拜，从者甚众。由于无量寿佛全真的深远影响，他所住锡的湘源县，在五代时由县级升格为州，因全真而命名为全州，沿用至今。由于他德懋寿高，远近都尊称他为“无量寿佛”“寿佛老爷”等，对当地宗教、民俗、文化产生了很大的影响。

◆湖南省郴州市永兴县便江镇注江村下曾家组；东经113.1209°，北纬26.0984°，海拔98m。
◆树高22.8m，胸径2.55m，平均冠幅35.1m。
◆种植于唐代开元年间，至今树龄超过1200年。

◇ 湖南官塘樟树王

祁阳县黎家坪镇官塘村樟家坪有一株巨大的古樟，枝干虬曲苍劲，绿荫如盖。相传为唐末黄巢起义军北上时途经官塘宿营时所植。明代徐霞客曾专程前往官塘观看此古樟。古樟是湖南省迄今为止发现的最粗壮的古树，被评为“湖南樟树王”。

古樟树下已设置围栏，树前后摆放有观音等宗教像两尊，当地村民成立了古树保护协会并刻石明示。据了解，2013年古樟曾一度长势十分衰弱，发展到南侧主枝部分枯死。在林业部门的协调下，协会邀请了专家实地堪察，量身定制了复壮复绿救护方案并实施：喷洒农药防治害虫，清除腐烂的枯枝，对树洞进行消毒、防蚁、防虫处理；同时，挖掘渗水井，控制土壤含水量，设置通气沟，保证土壤透气透水等；又在古樟四周修筑护栏，护栏外铺设透气砖和绿草皮，轮流清洗护栏，定期为古树施肥。将护栏外不远处修建不到一年的水泥路面部分凿洞，让古樟根系透水、透气。古樟又恢复了勃勃生机，枝繁叶茂。

◆湖南省永州市祁阳县黎家坪镇官塘村樟家坪；东经111.8079°，北纬26.6827°，海拔117m。
◆树高25.0m，胸径4.23m，平均冠幅37.5m。
◆种植于唐僖宗乾符年间，至今树龄约1100年。

一花一世界 一叶一如来

◇ 湖南新干桥古樟

理家坪乡新干桥村的古民居和祠堂附近的古樟，如绿色守护神般耸立，是双牌县现存直径最大、树龄最长的古樟树，被选为当地的“香樟树王”。历经岁月沧桑，树干中心已出现半径达2.5m的空心大洞，可以容纳十几人围坐下棋、打牌。

据村民介绍，古樟树由当地何氏先人种下，距今千余年。村民在古樟周边建起围栏，并硬化樟树下的地面，古樟小广场成为了当地村民夏季避暑的胜地。

◆湖南省永州市双牌县理家坪乡新干桥村村委新7组；东经111.6355°，北纬25.6783°，海拔209m。

◆树高21.5m，胸径3.44m，平均冠幅25.0m。

◆种植于五代十国时期，至今树龄超过1100年。

◇ 湖南九龙井古樟

湖南江华号称“神州瑶都”，沱江镇莲花地村九龙井有一片原始櫧木林，林中央有一株千年古樟，根系发达，盘根错节，其底部涌出九股清泉，故名“九龙井”。

相传南海龙王的九太子到潇水游玩时，在江华邂遇莲花仙子，私订终身并结成人间美满姻缘。没想到南海龙王为讨好南巡的玉皇大帝，命令永州所有的莲花都北迁至洞庭湖。莲花仙子没有遵命行事，南海龙王便令莲花地这地方滴雨不下，以致连年遭受旱灾，百姓民不聊生。龙王九太子为拯救黎民，用神力把南海龙宫盛水的宝鼎从底部钻了个小孔，将千里之外的南海甘泉偷偷地引到莲花地后山，不仅没有干死这里的莲花，粮食也取得了丰收。九太子私引甘泉的事终于被发现，勃然大怒的龙王亲率八个太子及众多虾兵蟹将驾临江华，欲一举降伏九太子并封堵莲花地涌出的泉水。九太子誓死不从，双方进行了一番恶战。土地爷见势不好，赶忙将此事奏报天庭，玉皇大帝派太白金星火速赶到莲花地，奉旨施法，将龙王九太子化身为一株大香樟树，日夜守护甘泉。莲花仙子闻讯赶来，紧紧怀抱樟树，化身为一旁与大樟树树根相连的小樟树，人们说那是九太子与莲花仙子生死相依、长相厮守的爱情化身，也是解黎民百姓于水火、勇于献身的精神见证。龙王九太子在浴血奋战中身上被打下的一千八百八十八片鳞片，化成了九龙井周围的一千八百八十八株櫧木，根深叶茂的原始櫧木林确保了大香樟树周边的生态良好，而从香樟树下源源不断地涌出的泉水形成了九个深潭。为纪念龙王九太子和莲花仙子，人们把这九个相连的深潭叫“九龙井”，涌出的泉水叫“九龙泉”，所在村庄的名称叫“莲花地”。

◆湖南省永州市江华县沱江镇莲花地村九龙井；东经111.6251°，北纬25.2163°，海拔209m。
◆树高32.5m，胸径2.83m，平均冠幅43.0m。
◆种植于北宋熙宁年间，至今树龄超过900年。

◇ 湖南红军渡口樟

一株古樟生长于钟水河边，枝叶茂盛，华盖如伞，附生蕨类植物众多，是蓝山县有名的“红军树”。

1934年，红六军团奉命执行红军长征先遣队任务，为中央红军战略转移开辟前进道路。在中央代表任弼时、军团长萧克、军团政委王震的率领下，红六军团突破敌军的重重封锁，8月29日上午到达蓝山县土桥圩（今土市镇），当晚在新村、古院一带宿营。红军进驻新村后，司令部设在村民李光成家里，指挥部设在该村祠堂内。在新村期间，红军通过书写墙头标语和与百姓座谈等方式宣传革命道理，带领农会干部揪土豪、斗地主，并将没收的财

产分给广大的劳苦大众，现村内各处仍保留有各种红军标语。红军继续前进需要渡过新村东侧的钟水河，因河面宽阔，河水湍急，新村村民背树木、拆自家门板、撮麻绳、用小渡船等，抢架起了一座浮桥，浮桥的一端就固定在这棵大樟树上，帮助红六军团顺利渡河。此后，中央红军也从这里渡河。

村民们把古树取名为“红军树”，渡口取名为“红军渡”，树下的渡口建立了“中国工农红军渡口”纪念碑，碑名为陈毅之子陈昊苏题写。当地修建了渡口广场，并建设雕塑、红色文化长廊等，打造红色旅游景点。

湖南省永州市蓝山县土市镇新村红军渡口；东经112.3031°，北纬25.5166°，海拔177m。
树高18.7m，胸径1.47m，平均冠幅27.8m。
种植于明代建文年间，至今树龄约600年。

◇ 湖南鸭婆树

会同县檀木村巫水河边有一株远近闻名的千年古樟树“鸭婆树”。远看可见独立于河滨田野的古樟分出9个主枝，主枝基部直径最大的达1.8m，枝叶繁茂，苍劲挺拔，雄姿巍巍，景致壮观。来到“鸭婆树”下方，只见古樟如一把擎天巨伞，硕大的“伞把”处，斑驳粗糙的树皮上，青苔遍布，爬山虎、凉粉藤等相依相靠向上缠绕，更显得树干苍劲挺拔，令人震憾。

◆湖南省怀化市会同县若水镇檀木村巫水河边，东经109.9723°，北纬27.0278°，海拔152m。
◆树高27.0m，胸径4.14m，平均冠幅31.9m。
◆种植于唐代上元年间，至今树龄超过1200年。

相传在数百年前，人们看见有一公一母的一对鸭子栖息在这株樟树上，经常从树上飞下来到河里戏水，数十年间隐现无常，大家都把这对鸭子视为神灵，为表达心里的敬畏，便把古樟树唤作“鸭婆树”，该传说还载入于清光绪年间的《会同县志》。当地群众对“鸭婆树”极为尊敬信奉，常有人带儿女到树上寄名，认神树为“亲爷”，张贴红纸并焚香祷告，保佑健康与平安。

◇ 湖南沧溪古樟

千年古樟位于新化县楼下村形如龙椅的东面小丘陵上，一条小溪绕树而过，冠如华盖，树荫覆盖面积逾1000m^2，根蔸粗大，从根部起往周围长5根粗枝，苍劲古朴。

历史文化名村楼下村古名叫沧溪，历史悠久，文化底蕴深厚，因背靠梯田形如楼梯而又得名楼下村，素有“鱼米之乡”之称。村内现存明清古建筑54栋，沧溪古庙、千年古樟、四香书屋被誉为“沧溪三古”。当地罗姓族谱记载，宋太祖建隆二年（公元961年）罗氏迁入新化，二世祖罗彦一定居于水车楼下，并和当地土著相处和谐，打成一片，相传在共同开发梯田过程中，有人欲砍伐这棵樟树，罗彦一认为该樟树中空枝多，形如五叉虎，伐之无用，建议当作风水树留下。为了保护这棵樟树，他又在樟树旁边修建一座石庙，名曰“苍溪庙”，并将母亲陈氏葬于庙后，于是这棵风水古樟保存至今。《罗氏通谱》记曰“庙前一棵樟”，古樟与庙宇犹如两位历史老人，互为见证，年年岁岁，人非物是，成了罗氏南迁后裔来此寻根的历史见证。

自古以来，沧溪古村以耕读为本，文化底蕴深厚。村内原有始祖所建的“四香书屋”，所培育的人才辈出，明初镇抚将军罗华仲、清代两广总督游子太、清代道光举人罗永超和罗启兰、近代“睁眼看世界第一人”思想家魏源、辛亥革命先驱谭人凤、民主革命战士罗澍苍、民国教育家罗仪陆（陈天华之师，为《警世钟》作序）、在湖南一师八班与毛泽东同班同桌的罗翊吾等，都曾在此求学。近年来更是学风日进，不足千人的村中已有大学生、硕士、博士超过100人。

村民称千年古樟具有灵性，与国事农事息息相连，国盛它兴，国难它枯，丰年树茂，灾年树萎，历经千年，生生死死。信众奉之为神树，每逢初一、十五，千年古樟树下香烟萦绕，鞭炮声声，当地百姓及相邻的隆回、溆浦两县信人也纷纷把家里的小孩“寄托”予这株树，认它为“契父”，树上挂满了红布条，以求得到它的庇护，消灾祈福，成人成才。正因如此，这株千年古樟也成了紫鹊界景区的招客树，凡是去紫鹊界的游客都必到千年古樟树下祈拜。

◆湖南省娄底市新化县水车镇楼下村沧溪庙前；东经110.9869°，北纬27.7059°，海拔441m。
◆树高27.0m，胸径2.39m，平均冠幅37.5m。
◆种植于五代十国时期，至今树龄约1100年。

樟树寺沿革

三、华南古樟树

华南地区一般指广东、广西、海南三省（自治区）。本地区的地形以山地丘陵为优势，北回归线横贯广东和广西，光、热、水资源丰富，植被类型丰富，亚热带常绿阔叶林分布着樟树等代表性树种。华南地区的古樟树资源主要分布在中亚热带、南亚热带气候区，如广西的桂林市、贺州市，广东的韶关市等，其他地方分布零散。除海南岛上樟树的树龄较小未能入选外，本书精选广东6处、广西18处的古樟树资源进行介绍。

◇ 华南兴业陈村学校古樟群

广西壮族自治区玉林市兴业县大平山镇陈村学校外侧为陈村广场，生长着一片古树群，其中，古樟5株，年龄最大者达到360年，其胸径达到1.78m，树高28.7m，有多片青黝色的苔藓长在树枝背面或树干，苍劲的粗枝如虬龙般向上延伸，撑起一片庞大的绿荫。人们为每一株古树都围砌了树池，并在最大两株古樟树下设置了护栏，以防顽童攀爬。树下空旷处是一座樟木社，还有一座黄琉璃瓦的“古樟亭”，石桌石凳若干张，人们常在树下纳凉、娱乐，每当陈村学校的孩子们上学或放学时，人群尤其熙熙攘攘。

据该村老人介绍，其先祖定居此地约有500年了，定居后为保护村庄的风水在村口处栽植这一片樟树。当地村民都将这些古树视为“祖宗树”，除将“社主公”的牌位设在树下勤加祭拜外，还订立过村规民约保护古树，禁止任何破坏。2008年，人们集资150万元建起了村级文化娱乐广场，古树群也成为陈村一景。在大部分老人心目中，古树自带神性，一枝一叶都不应采摘，2021年7月有一水桶粗细的枯枝断裂掉下来，让刚刚还站在树下的一群人心有余悸。于是，人们更加相信古樟树的神奇了。

◇ 广东界滩古樟

位于曲江区白土镇界滩村的千年古樟树形极为独特，呈罕见的榕树状，树干离地约2m处延伸出16根粗壮枝干，枝干长满各种寄生植物，形似龙鳞，根根挺拔伟岸，郁郁葱葱，每一根枝干都在诉说着生命的故事，又仿佛16条飞龙从树根处腾空而起，直冲云霄，使人如临仙境。2020年，古樟获得“韶关十大樟树王”称号，2019年入选“广东十大最美古树”。

◆广东省韶关市曲江区白土镇界滩村下界滩；东经113.5385°，北纬24.6022°，海拔42m。
◆树高25.0m，胸径4.46m，平均冠幅37.0m。
◆种植于北宋前期，至今树龄约1000年。

据村里老人介绍，这是一棵挡水煞的树，是其祖上迁移至此地落地生根时所种，后来本屋村民继承传统理念，都将古树作为“风水树”世世代代予以保护。

在界滩村的中老年人口中，还流传着一则关于这棵千年樟树“能让小孩长高”的传说，说是大樟树的老树根已经遍布周围方圆半里地，如果有小孩能一心一意从大樟树老树根的一头走到另一头（一共一里整），晚上回家后就必定能长高！但这毕竟没有科学依据，因此知道这个传说的新生代村民已经越来越少……

◇ 广东安口古樟

乐昌市武江河东岸，长来镇安口村村委贝兴自然村，有一株树形独特的古樟树，只见古树主干离地后一分为三枝，枝枝壮硕、伟岸挺拔。树体基部根瘤虬结，犹如一只瑞兽伏于树基，又如一座大山巍然屹立，远观宛如巨型的天然盆景，堪称奇绝。这就是闻名遐迩的韶关“樟树王”，为“韶关十大樟树王”之首。

已有1500多年建村历史的贝兴自然村是乐昌市历史最久远的村庄之一。据记载，南朝梁天监十三年（公元514年），张氏祖先张宝生赴任始兴刺史途中，船行至九泷十八滩时，见群山环绕，武水滔滔，于是决定带儿子张文志一家到此定居，并取名长寿坊村（改革开放后更名为贝兴村）。张文志的三个儿子为陈朝的建立立下了汗马功劳，也就是村民口中的“三公”，村内原有“三公祠”一座，可惜2006年被洪水冲毁。

为了纪念“三公”的丰功伟绩，张氏先人选择农历六月初六，也是祖先在此定居的日子种下一棵樟树，时间为唐开元六年（公元718年）。贝兴村张氏族人将这棵樟树视为始祖树，这棵树的历史被村民代代相传。村民把农历六月初六称为“过会节”，外出人员及外嫁女会早早地回家团聚，大家围坐在一起制作象征着族人心心相连的鸡蛋糍粑，做好糍粑后，村民会捎上一篮到古樟树下，缅怀感恩祖先，此习俗一直延续至今。

◆广东省韶关市乐昌长来镇安口村村委贝兴自然村；东经113.3906°，北纬25.0510°，海拔78m。
◆树高22.3m，胸径3.85m，平均冠幅28.0m。
◆种植于唐代开元六年，至今树龄超过1300年。

◇ 广东天子地樟

古樟树生长在浈江村一个叫天子地的小村后面，小村人烟稀少，在一座翻新的魏氏宗祠后有一片樟竹混交林，

只见樟树裸露根系十分庞大，树分两丛状，各有三支树干曲突挺立，树下有一泉眼，有泉水潺潺流出。风吹过树林带来一阵阵沙沙声，令人感慨岁月之沧桑。

◆广东省韶关市始兴县太平镇浈江村天子地；东经114.0539°，北纬24.9809°，海拔119m。
◆树高17.1m，胸径4.10m，平均冠幅17.0m。
◆种植于明武宗正德年间，至今树龄约500年。

◇ 广东社稷古樟

新鳌岭社区“松鹤园”老人活动中心旁边有一处供奉“土地公”的社稷坛，一株树身庞大的古樟守望在社稷坛后方。岁月悠悠，古樟遭受虫蛀和风雨侵袭，古樟树的主干早已中空，且树干出现了多处圆形或长条形的洞形裂口，高处的树枝布满寄生及附生的青苔、地衣及槲蕨等，但古樟仍枝盛叶茂，昂首挺立。

“土地公”又称为“社公”，是一个姓氏族群迁徙到该地后设立起来的，以示本姓氏族群将在此地生根落户，一位70多岁的叶姓老人介绍说，祖先定居此地已有600多年。树下“土地公”的香火一直盛旺，逢年过节，村民在祭祀祖先前都到社稷坛进行祭拜。这株古老的樟树与树下的“土地公”一起，保一方平安，既是无数村人魂牵梦萦的乡愁，也是村庄历史和文化的象征。

◆广东省中山市东区街道新鳌岭社区小鳌溪正街下街十巷1号；东经113.4147°，北纬22.5105°，海拔7m。
◆树高16.1m，胸径3.12m，平均冠幅27.2m。
◆种植于南宋嘉定年间，至今树龄800多年。

不传谣　定
区防控疫情热线:88335910

◇ 广东平凤古樟

一株高大的古樟树屹立在刘村村口的小河边，树体高大，仰视时可体会到参天大树的真正含义，巨大的树冠遮云蔽日，给过往的行人带来了一片阴凉。树干下端有一豁口如刀斧深伐，缺口过半，故有人称古樟为“树坚强”。

据封开县史料记载以及封开县林业部门考证，平凤镇刘村村口的古樟树种植于南宋景德年间，距今已有1000多年，是国家一级保护古树。据村中一刘姓老者介绍，古樟是村里的风水村，历来受到村人的敬仰与保护。以前刘村还是南来北往的古道必经之地，高大的古樟就是标志。村人都认为此古树有神性，现在仍有人在树身上贴红纸，认契爷。1975年小河改道后，有人指挥村民砍了许多榕树等古树，但是都不敢砍这棵千年樟树，因此它得以幸存至今。

◆广东省肇庆市封开县平凤镇刘村村口；东经111.4687°，北纬23.3098°，海拔15m。
◆树高27.0m，胸径2.99m，平均冠幅32.5m。
◆种植于南宋景德年间，至今树龄已有1000多年。

◇ 广东龙岗天下第一樟

“百载炊烟依袅袅，古樟千年新枝俏。绿韵水魂重打造，石龙岗上迎宾笑”记述的是位于云浮市郁南县桂圩镇龙岗自然村的一株古樟树。这株树龄悠长的古樟，树身粗大斑驳，树根曲张外露于地表，蜿蜒数丈如盘龙，树冠更是像一朵巨大的绿色蘑菇云，独树成林，号称“天下第一樟”，为“广东十大最美古树”之一。古树主干内部下半部分已经中空，但外观难辨，需要爬至树洞口才能发现，树洞内能同时站立16个成年人及1个小孩子。古樟树背靠龙头山，面朝桂圩河，树下为供奉着“社主公”的迴龙社。围绕古樟树周边还长了多株古榕树、古红锥等，像古樟树忠诚的守护者，是郁南县最具特色的古树群落之一。

据记载，古樟树曾保佑过当地人李姓村民的祖先。明朝万历年间，李氏先人因参与皇家政治争斗而被朝廷搜捕，危急中发现古樟树洞，于是全家弃船上岸，躲进樟树主干洞中而幸免于难，李氏先人认为树下为吉祥之地，遂定居下来，并在树下设置社坛，拜树神，保平安，历经多年繁衍，发展成为现在的龙岗村。

古樟也曾经护佑过革命战士，为解放事业建功立业。1948年4月18日，共产党领导的郁南“四一八”武装起义爆发后，国民党反动派出动4连兵力到处清剿，粤桂边三罗总队部分队员奉命转移时，因敌人紧追不舍，情急之下当地村民指引这批队员跳进樟树的大树洞隐蔽起来，并当即燃起香火拜树神，一时间树下香烟缭绕。反动派追至樟树下，四处搜寻未果，只好作罢。我军队员得以躲过追剿，平安转移。于是，古樟树所在龙岗村，又以郁南“四一八”武装起义的策源地、“三罗革命第一村”而广为人知，现已打造成为红色旅游革命胜地。

◆广东省云浮市郁南县桂圩镇桂圩村村委龙岗自然村；东经111.4762°，北纬23.1565°，海拔18m。
◆树高28.0m，胸径3.95m，平均冠幅43.0m。
◆种植于唐代元和年间，至今树龄超过1200年。

◆广西壮族自治区桂林市阳朔县兴坪镇渔村大河背村；东经110.5157°，北纬24.9204°，海拔125m。
◆树高25.0m，胸径2.83m，平均冠幅45.0m。
◆初植于南北朝时期，至今树龄约1500年。

◇ 广西大河背古樟

阳朔县兴坪镇渔村靠近元宝峰有一村屯名大河背村，村中有一巨大古樟，走近可见围栏保护，树下三块石碑，中间为汉白玉碑，上镌刻“大樟树”三个字，次行写“1500年”，两边则为水泥石制成的功德碑，记载了近年来捐款护树人名单。上书“兴坪大河背，漓江边上一处半岛，古称龙盘洲，500年历史的村庄坐落其上，乃百里漓江神韵之所在，隐没多年，忽跃然廿元国币之上，始与泰山、西湖齐名矣。村中心一棵大樟树有龄1500年，为漓江两岸最古之树，为拯救、保护这棵古树，村内外人士慷慨捐款。此捐款始于2007年，时近共和国60华诞，故勒石以记之。”

据70多岁的徐姓老人介绍，古樟颇具灵性，历来受到村人敬重，逢年过节有人祀拜之，现仍有人来认契古樟，石碑还挂着一些认契儿童信息的小木牌。村民十分爱护古樟，纵使有枯枝叶也无人捡拾作柴火，村民甚至举例说捡拾该树枝叶煮酒亦会导致煮酒不成功，使古樟得以避开了1958年“大炼钢铁”时的刀斧。当地还流传着一则传说：古樟化身成老人，在村中到处走动并叫唤“一个人，两点火”，无人能解其意反而欲赶他走，后来到一户人家里讨水喝，善良的主人热情招呼，端出一碗水给他喝，老人却并不喝，而是用这碗水围浇主人家的房屋一圈，当晚的全村大火中唯独这家人的房室未受灾。

◆广西壮族自治区桂林市灵川县潮田乡太平村村委砖头村；东经110.5269°，北纬25.2311°，海拔186m。
◆树高30.0m，胸径3.14m，平均冠幅43.5m。
◆种植于北宋前期，至今树龄约1000年。

◇ 广西潮田第一树

始建于宋朝末年的桂林市灵川县潮田乡太平古村，是第一批中国传统村落，村中有古巷、古井、古碑、古祠堂、古戏台等古迹，更有一株挺拔高俊、历经千年风霜仍生机勃勃的古樟。站在因千年古樟树而得名“樟舟桥”上，只见粗大的樟树树身伸出一大簇古拙遒劲的枝条，粗枝上布满了层层叠叠如龙鳞状簇生的槲蕨类附生植物，正像几欲腾空而去的虬龙，让人感到十分震撼，这就是游人口中的“桂林第一树”。周边丛生着大大小小的樟树，将古树如众星捧月似的围在中央，树下是村人为保护古树而堆砌起一个填满土的围栏，树身上围着一条红绸布，给人带来一份喜庆又神秘的感觉。

古树的来历十分奇特。据村民介绍，漓江第二大支流的潮田河原来穿村而过，水面宽阔，古人需要渡船来往两岸，村民在岸边插木树桩以便系舟，其中一根系舟之樟木竟然成活并越长越大，众人惊奇，相互告诫此为有灵之物，大家都将其作为村庄的神奇标志树而多加爱护，年深岁久，系舟之樟以其顽强的意志不断挑战生命极限，竟长成今天这株参天大树。“遭受好多次雷击一点事都没有，是有灵气的神树来勒的。”村民自豪中带着敬佩的口吻说。

潮田河改道后，旧河道内仍有少量溪流，2002年村民集资建造了一座桥，因邻近插木系舟而成的千年古樟而命名为“樟舟桥”，桥头矗立一块“情重姜肱”石刻，寓意太平村方圆11个村落的兄弟同心，共同迈向和谐致富的康庄大道。古樟、溪流、樟舟桥成为古村又一道亮丽风景线。

◇ 广西文桥古樟

邓家村古树甚多，这株千年古樟是全州最老最大的古樟树，当地村民都将该树视为“镇村之宝”。古樟树下，是清澈的大泉井，井泉不受外界气候的影响，雨水再大泉里也清澈见底，干旱时井内依然水量充足。村民们在泉里放养的草鱼、鲤鱼、鲢鱼等游来游去，树、泉、鱼相融，成了十里八乡最靓丽的一道风景。

相传该树栽植于北宋建隆年间（公元960—963年），现在每年清明节，当地村民都来祭拜这棵千年古树，以

◆广西壮族自治区桂林市全州县文桥镇邓家村村委邓家左村；东经111.1292°，北纬26.2555°，海拔216m。
◆树高26.0m，胸径3.34m，平均冠幅39.0m。
◆种植于北宋建隆年间，至今树龄约1050年。

保村民平安。此树曾饱经苦难，最为难忘的一次是1958年“大炼钢铁”，年青村民为完成炼钢，决定砍伐此树，村中老人知道后，10多位老人闻声赶到，力劝斧下留树，并围坐在树下：“要砍树先砍死我们吧！”见此状，砍树人只好作罢。2000年有商人出价20万元想挖这棵树，亦被村民拒绝。

全州历史上划分为6乡，文桥与庙头等属于升乡，因此，当地有古语说“富贵落升乡”。另外，邓家村有邓家大祠堂等古遗迹，真是一个历史厚重、文人辈出的好地方。

◇ 广西上花古龙古樟

上花古龙屯的古樟树，树冠绿荫如盖，树干高耸云天，树干基部已中空，内部可容纳8～10人，树洞入口在树身高4m处，树皮如披片片金鳞的龙身。从主树干发出的枝丫，像一只只伸出的长臂，高举着无数绿叶，使树底下形成一大片浓荫，而从远处望去，如同一把巨大的绿伞，也像一位饱经沧桑的历史老人，默默地注视着村庄的兴衰。

据当地一位80多岁的郑阿公说，过去黄关镇是桂北游击队的活动区域，上花古龙屯是游击队的一个联络点，生长在村中的这棵古樟树，是当年游击队碰头或休息的地方，游击队常在树下开会、宣传革命道理。老人说他多次亲眼见到在这棵树上贴着的革命标语。

公元一九九五年造

◆广西壮族自治区桂林市灌阳县黄关镇唐官村上花古龙屯；东经111.075°，北纬25.3804°，海拔269m。
◆树高29.0m，胸径3.02m，平均冠幅39.8m。
◆种植于北宋景德年间，至今树龄已有1000多年。

◇ 广西榜上古樟

桂林市兴安县榜上村，是一座名声响亮的历史文化名村，村内有一棵1800多年高龄的巨大古樟。穿过村中随处可见银杏古树林，来到古樟树下，只见其树身极为粗大，约4m高处分出三支巨大的树枝，上面都长满斑驳的苔藓，显得遒劲黝黑，抬头望向高处，可见古樟树冠仍然枝叶繁茂，浓荫如盖，洋溢着勃勃生机，显得尤其苍劲强壮。树干基部有一个高约1.4m、宽近2m的大洞，面积逾10m^2，可容纳20余人，巨大的树洞更是彰显了古樟的豁达和坚强，被游客们誉为“八桂第一樟”，可谓名不虚传。

古樟之旁立有“榜上村碑记”石碑一块，记载村中大姓陈氏的来历及建村历史。其先祖陈俊于明朝洪武八年（公元1376年）护驾第一代靖江王朱守谦赴任桂林，因功升为四品参将，后又作为心腹驻守湘桂古道旁的莲花村，因看中这株古樟，卸甲归田后的陈俊决定在树下开基立业。在大樟树的庇荫下，陈氏家族可谓兴旺发达，人才辈

◆广西壮族自治区桂林市兴安县漠川乡榜上村榜上屯；东经110.8003°，北纬25.4568°，海拔339m。
◆树高20.0m，胸径4.23m，平均冠幅18.0m。
◆约种植于东汉末年，至今树龄1800多年。

出，科举时代先后出过7名进士、18名文举人、2名武举人和7名贡生，于是易村名为“榜上”。其中，第十三代后裔陈克昌为经商能人，利用所积聚的钱财打造出一座富有徽派建筑风格的榜上村。其孙陈秉彝为光绪三年进士，争取清廷封赠其祖父陈克昌为二品通奉大夫，于光绪十五年（1889年）建造了一座占地十多亩的豪华墓园，隆重安葬陈克昌夫妇，古墓规模及石雕工艺水平号称“广西民间古墓第一”。树下还有一块石碑，刻写《卜算子·咏古樟》一首，词云“古树入云深，冠盖村头陌。麈世千年是与非，一阵清风过……”，读罢，人们对这株穿越千年时光的古樟更是感慨万分。

当地流传着拜古樟树为契娘的风俗。婴幼儿的八字不好或者病患多，需要认契（继）娘以保健康顺利长大。拜樟树为继娘时，会把写着“樟树亲，樟树娘，×××拜你做继娘，×××（小孩生辰八字）”的红纸贴在树上，摆上酒肉、粑粑、硬币，再烧纸钱拜祭。认了契娘后，小孩就能顺顺利利，健康快乐成长！

◇ 广西丹坪神樟

沿着宽敞平坦的水泥路向桂林市平乐县二塘镇大展村丹坪屯进发，路边是漫山遍野的月柿、桃李等，在一栋栋错落有致的新建楼房之间，有一株当地人视为神树的古老樟树，只见古樟树在近基部约2m高处分出4个粗大分枝，正如巨龙腾空般顶着茂盛的枝叶远远延伸出去，大树的南北冠幅达到35.2m，整树又似大雁展翅，很是壮观。

◇广西壮族自治区桂林市平乐县二塘镇大展村丹坪屯；东经110.8174°，北纬24.7371°，海拔153m。
◇树高18.6m，胸径3.80m，平均冠幅34.2m。
◇种植于北宋咸平年间，至今树龄约1200年。

当地一位年近七旬的钟姓瑶族老乡说，这株神树深受村人敬仰与爱戴，历代以来人人都不敢对古樟有任何不敬，当然也无人攀枝折叶，故古樟得以保留至今。当地有将八字缺木幼儿寄养给古樟的习俗，父母准备三牲等祭品后，带幼儿到树下祭拜，烧纸钱，神树将保佑幼儿健康长大。寄养后，幼儿父母或长大懂事后的被寄养本人必须年年春节前后到树下祭拜，直至他（她）结婚那天，还要进行最后一次祭拜表示已脱名，如果被寄养人没结束单身，则仍需要年年祭拜。

◇ 广西老埠古樟

老埠村位于平乐县东部张家镇，榕津河支流—东江河在村东流过。走进老埠村老埠小学校园内，在左侧围墙处耸立着一株枝叶极为繁茂的高大古樟树，枝条低垂，几乎把树身都隐藏起来了。走进树冠丛下，可见树干高约2.5m处有2个大分枝，枝丫斜向向上生长，枝条不断分出，形成巨大树冠。樟树的根部有瘤状突起，露出地面最高达80cm，煞是壮观。

据村民介绍，历代祖先都爱护古树，尤其是这株古樟树，现村落中仍保存有7株古樟，为周边所少见。人们初

◇广西壮族自治区桂林市平乐县张家镇老埠村老埠小学；东经110.8581°，北纬24.5639°，海拔133m。
◇树高22.5m，胸径3.14m，平均冠幅22.6m。
◇种植于南宋景德年间，至今树龄超1000年。

一、十五及过年期间都会有人到树下祭拜，也有将幼儿托付给古樟，认其为契爷的习俗。近年来由于保护意识加强，培土施肥多次，古樟生长特别旺盛，树冠庞大且枝叶低垂，村委与学校方面商议后在树下建起围栏，并禁止祭拜时烧纸。

此外，老埠村是一座历史悠久的古村，村民皆为陶渊明后裔，村中古迹较多，有近千年的单孔半圆拱石桥——白龙桥，清朝乾隆五十七年修建的申明亭等。

◇ 广西柘村社公樟

柘村是荔浦市修仁镇大榕村村委下辖的一个自然村，村头有2棵以白石围栏保护起来的古树，其一是高大挺拔的雅榕，枝丫层层叠叠，十分茂盛；另一株是树干低矮蛰伏的古樟，古樟主杆已断，有2支呈牛角弯形的粗大虬枝，背向榕树而极力伸展出去，东西冠幅达到25m，树枝上长满嫩黄绿色叶子，显得仍然生机勃勃；樟树树根处建有一座祭祀社公的小庙。树下放置有石桌、石凳及多套健身器材，是村民休闲健身的好去处。

村民们介绍说，两株古树是村中的风水树，一直得到历代祖先的爱护而保留至今，并将它们亲切地称为公婆

树，其中，榕树长得高大威猛所以是公树，而树身蛰伏的古樟就是婆树。这株古樟很有灵性，幼童在它身上经常爬上跳下，却从来不会因此受伤，同时樟树根的社公也十分灵验，因此大家都十分爱护古树。

据了解，柘村也是一个名声远扬的“砂糖橘村”，是荔浦市沙糖橘的主要种植地和集散地之一。致富后的村民开始打造美好的生活环境，村中别墅楼错落、巷道干净、文体卫生设施齐备，堪比城市的花园小区，近两年又引入石头彩绘等新特色，被评为AAA级乡村旅游景区，每年有上万人次的游客慕名前来参观。

◆广西壮族自治区桂林市荔浦市修仁镇大榕村村委栢村；东经 110.2106°，北纬24.4120°，海拔268m。
◆树高6.5m，胸径2.97m，平均冠幅16.0m。
◆种植于北宋初年，至今树龄1000多年。

◇ 广西奇石英雄樟

此树位于贵港市港北区奇石乡奇石村河净屯，樟与榕树连体，互相对望，互不影响，很是奇特。

当地人称这株树为“英雄树”，1947年冬，国民党民团围攻河净屯，游击队和革命群众三次击退敌人“围剿”，敌人恼羞成怒，拿大樟树出气，放火焚烧大樟树，被后人传为笑柄。但是“春风吹又生”，樟树被烧后榕树从樟树中间长出，两树并列生长枝繁叶茂，犹如革命人士顽强的革命斗志。革命胜利后，这棵樟树与榕树连体树被村民称为“英雄树”，并立碑亭纪念。

◆广西壮族自治区贵港市港北区奇石乡奇石村河净屯；东经109.6765°，北纬23.3183°，海拔116m。
◆树高27.0m，胸径3.20m，平均冠幅9.0m。
◆种植于北宋开宝年间，至今树龄约1000年。

◇ 广西睦马社公树

玉林市玉州区城北街道睦马村村委下木村社头处，有一株与榕树合抱共生的古樟树，很是奇异，当地人称之为“鸳鸯树”。古樟树的树高有15m，但树干受榕树挤压，大部分已干枯，高处阳光也被遮挡，樟树只有3支粗约35cm树枝顽强存活，但是枝叶稀疏，树冠上大部分都是深绿色的榕树枝叶。

据当地一位80多岁卢姓阿公说，这里开始生长的是一棵枫香树，不知过了多少年，因鸟的传播长出一棵樟树，又经不知多少年，枫树被樟树代替。在建村前，这棵樟树已经长很大了，由于樟树长得高大，树上来了很多鸟，而鸟又传播了榕树的种子，随着岁月的流逝，树木生生息息，共长在一起，接受村民的祭拜。

据《玉林市地名志》及《粤西游日记·十九》记载，明代著名地理学家徐霞客游历广西时，于崇祯十年（公元1613年）七月二十日“循寒山北麓东南行，又三里，巨树下有卖浆者，以过午将撤去，乃留之就炊而饭”，所见巨树即该古樟。时值中午，烈日当空，暑热逼人，徐霞客口渴脚累，在这棵大树下小憩并做午饭，因巨树雄伟而在日记中加以记载。如今，樟树旁还建起一座霞客亭。

据传说，这株树非常神奇，村民晚上外出，若迷失方向，这棵树会突然发光，为村民指引方向。因该树为“社公树”，香火兴旺，逢年过节时特别热闹，家家户户都来拜祭，村民也特别爱护这株古树。

- ◆广西壮族自治区玉林市玉州区城北街道睦马村村委下木村社公处；东经110.1296°，北纬22.7241°，海拔83m。
- ◆树高15.0m，胸径1.94m，平均冠幅8.5m。
- ◆种植于北宋初年，至今树龄1000多年。

◇ 广西寿峰古樟

在贺州市八步区寿峰村村中球场边，巨大的千年古樟犹如一把撑天的巨伞，不但为村民遮风挡雨，还是该村的“社公树”，逢年过节村民都来树下烧香拜祭，祀求其保一方平安。树下已砌砖护栏，是人们休闲健身的好地方。

村民对古树很是敬重，当作“神树”保护，并有众多说法证实古樟的神奇。一位80多岁岑姓阿公说，过

◆广西壮族自治区贺州市八步区贺街镇寿峰村村中球场边；东经111.3869°，北纬24.5732°，海拔162 m。
◆树高23.0m，胸径3.00m，平均冠幅34.0m。
◆种植于南宋景德年间，至今树龄已有1000多年。

去有一补锅人在此樟树下补锅，但不管拉风箱吹火多久，补锅用铁水就是不熔化，但搬离树下远一点时铁水就熔化了。老人还说，若谁在树根下大小便，这人就患病、受伤或办事不利。也曾有老板想花几十万元购买此树，村里老人坚决不同意，几个老人护住樟树并说："若想挖这株树，除非先从我这里挖过。"古樟因此得以保存下来。

◇ **广西鸭窝寨古樟**

贺州市八步区桂岭镇兴德村鸭窝寨有一株特别的古樟，距离地面不远的5支大枝已被锯去远端的枯枝，留下一

◆广西壮族自治区贺州市八步区桂岭镇兴德村鸭窝寨；东经111.7940°，北纬24.6596°，海拔230m。
◆树高16.0m，胸径2.64m，平均冠幅22.5m。
◆种植于北宋大中祥符年间，至今树龄约1010年。

个又一个的大树洞，中上部密布寄生蕨类苔藓，长势弱。树下设有社公拜祭的平台，为该村“社公树”，已砌有树池并填土保护。

◇ 广西榕马古樟

贺州市钟山县钟山镇榕马村十八工岭屯内有一株庞大的古樟，树干在高约3m处分出5枝，分枝大小不等，最大分枝直径在1.5m左右，分枝弯曲向上生长，有如人的五个手指，很是壮观。

村中一位82岁的陶姓阿公说，村民历来就有爱樟敬樟的传统习俗，这株古樟就是建村时所植。先祖认为樟树既是风水树，也是挡刹(煞)树，人人都应该加以爱护，而且历代祖先都有种植樟树的传统，故现在村中古樟众多，环境优美。

◆广西壮族自治区贺州市钟山县钟山镇榕马村十八工岭屯；东经111.3076°，北纬24.4946°，海拔172m。
◆树高26.8m，胸径3.31m，平均冠幅35.7m。
◆种植于北宋前期，至今树龄约1000年。

◇ 广西升平樟树王

蜿蜒的富川江穿过贺州市钟山县钟山镇升平村，富川江东岸的大田寨是一座风景秀丽的村寨，寨内及周边分布着近百株大小不等的古樟树，在古樟密集的村中央建有一座樟树生态休闲园，大部分古樟树下都铺置了草皮，用鹅卵石铺设了林间小道，单独修建了树池的千年樟树王就位于其中，在树干高约3m处分出2枝，分枝直立向上，整个树冠如同一个倒立的巨大三角形，很是壮观。

据村民介绍，族中故老相传，大田寨为明代初期建村立寨，当时已经有了这株大樟树，人们都称之为“樟树王”，人们都对其敬重有加，从来没有人对“樟树王”有任何损害作为。近年来，凡是舞狮队进村，都自觉地先到树下参拜。先人们都十分喜爱樟树，故历代都会在村中各处补植樟树，并作为风景树加以保护。村中还有较多明清时代的建筑，流连其间，不由得让人深深折服于其中的沧桑与宁静。

◆广西壮族自治区贺州市钟山县钟山镇升平村大田寨；东经111.2804°，北纬24.5718°，海拔122m。
◆树高17.0m，胸径2.96m，平均冠幅28.0m。
◆种植于北宋前期，至今树龄1000年左右。

◇ 广西龙归最美古樟

走进龙归村，随处可见到高大的古樟，在村委办公楼右后侧是一株树龄约1400年的古樟，只见树枝像龙爪，似黑龙搅水，树冠浓密，巨大的树冠像一把张开的绿色大伞，树根周边已经装好围栏，围栏外有一块巨大的卧石，上书“龍歸村”三个大字，树下还摆放着一批健身娱乐的器材。这就是广西“十大最美树王”之首了，人们在树下的围栏内放置了一块立石，上书“广西最美樟树王”。常有路人在浓荫下歇脚小憩，当地村民在树荫下纳凉聊天，孩童则捉迷藏玩耍，人与树和谐共乐，一派升平景象。

村中一位86岁的钟姓老人表示，全村人相信种植樟树会带来福气，一直保留着爱樟护樟的传统，村中樟树即

使已枯死也无人采伐，近年制定的村规民约也有对樟树严加保护的内容，这株古樟更是村民的重点保护对象，过年时及当地传统的八月节、四月初二竹笋节，人们都会到树下祭拜。20世纪50年代，樟树树身内部已中空，并有几个可容人进出的大树洞，树根裸露，村民们就多次给大樟树填土，目前的地面已升高了约80cm，那几个大树洞竟奇迹般慢慢合拢了。当地还有因树改路的佳话，20世纪40年代及80年代分别有2次修路，初次设计的线路因靠近古樟都被村民们否定，实际修建的道路绕开老樟，确保古樟未受到损伤。近年来，村民在树下建起了花坛，垒起了石桌，环境变得更加舒适，成为人们乘凉休闲、强生健体的好场所，这株千年古樟被人们亲切地称为“幸福树”“和谐树”。

◇广西壮族自治区贺州市富川县朝东镇龙归村龙归屯；东经111.2171°，北纬25.0446°，海拔306m。
◇树高25.0m，胸径3.98m，平均冠幅32.7m。
◇种植于唐初武德年间，至今树龄约1400年。

◆广西壮族自治区贺州市富川县莲山镇洞口村山口屯；东经111.3751°，北纬24.7677°，海拔192m。
◆树高22.0m，胸径4.35m，平均冠幅21.5m。
◆种植于东汉建宁年间，至今树龄约1850年。

◇ 广西洞口最老古樟

洞口村是一座古树众多的村庄，不管是房前屋后，还是村口山脚边，到处可见香樟、青檀木、黄连木、苦槠、枫香等古树，村庄后的后龙山上更是树木成林，郁郁葱葱。走进山口屯的村中央，可见仅存小半边树身的樟树王巍然挺立，斑驳主干上的树皮像老人笑脸上布满的褶子，似乎镌刻着岁月的年轮，树身顶上保留着3支大的树丫，延伸出去的枝条上长满黄绿色的树叶，摇曳生姿。大树前后立起了2个梯形的不锈钢管支架，将向两边倾斜的2支树丫支撑住，树下建起了一圈围栏，围栏内有一块立石，上书“广西最老樟树王”。

采访村民们得知，除了近两千年来饱经雷劈、霜冻等自然洗礼，樟树王还经历过众多的人为磨难，包括新中国成立前被住在树洞内的流浪汉失火烧去大半树身、1958年又被人砍去了一大树枝。古樟虽经历重重磨难，但至今仍然生长茂盛，既与樟树本身生命力顽强有关，也与村民的敬畏爱护有关。如流浪汉失火后，村民都以为古樟难逃一劫，谁知它竟然又冒出新芽，顽强的生命力让山口屯的村民对它更加敬畏，多次召集全村人开大会，制定村规民约保护这一带的所有树群，规定伤害树木的行为要进行高额罚款。村民们还用水泥砖在老樟树下围了一圈，防止水土流失，并几次在樟树根下填埋新泥。在村民们的精心呵护下，这棵遭受了重重磨难的千年樟树王渐渐恢复了生机，树冠也萌发出许多新枝，重现茂盛，气势犹存。

◇ 广西鹅景古樟

走进来宾市象州县运江镇石鼓村鹅景屯，可见一株如巨伞的古老樟树屹立在村头，远看可见树冠分为黄绿色与深绿色两部分，走近树下，可见樟树的树干粗大，树干东北侧有一个直径约1.5m的大洞，其他部分几乎都被网状榕树根包围着，樟树在树干高约4m处分出5～6支粗大的枝丫，与几乎同一高度分出的榕树枝相互交错，枝叶茂盛。树干上贴着几张红纸，树冠下方多处悬挂着红灯笼。树根东侧有十来块高度适合垫座的光滑石头，树冠下方东侧还有一座社公小庙，北面则有一架乒乓球桌及一座色彩明亮的儿童滑梯等，生活气息十分深厚。

当地村民对这株古樟特别爱护，视之为能给本村带有好运的风水神树，相信村民人丁兴旺是托庇古樟带来的福

◆广西壮族自治区来宾市象州县运江镇石鼓村鹅景屯；东经109.7884°，北纬24.1170°，海拔75m。
◆树高27m，胸径3.30 m，平均冠幅20.0m。
◆种植于北宋前期，至今树龄约1000年。

气，逢年过节都到树下同社公一起祭拜。1958年，也曾有人提议伐树当柴火，被老人拼命拦住。古樟也一度扮演过村民的救命恩人。据介绍，2005年6月20日东边的罗秀河发生洪灾，洪水一度到达树身高约1.3m处，部分村民来不及转移，就急忙地爬上这棵大树，避过大洪水的没顶之灾。

近年，这株古樟入选“象州四大古树之一”，引来众多游人，众人保护古樟树的热情更高了。古樟南边有一座庙，门上大书“雷府千岁”几个字，供奉一位被村民称之为“大爹”的神灵，可能与唐代安史之乱时跟随张巡死守睢阳的“雷府千岁”雷万春有关系，值得民俗学家深入挖掘。村民称以前有一株与现存古樟树一样粗大的古樟左右对称地耸立于庙前，现在原址补植了一株小樟树。

◇ 广西里苗“公性神树”

忻城县欧洞乡里苗村坡贯屯是一个以壮族为主的村寨，村口的小河边有一株深受村民敬仰的社公树，这是一株奇特的香樟树，逾20m高，枝干众多，伸展疏朗，但有多处自连成“树桥”，更为奇特的是树干2.5m高处长出一柄长约1m的树枝凸瘤，瘤头形似龟头，像巨大的“天然阳具”，被人们称为“公性神树”，也有人戏称为“最色古樟”。

古樟树受到村民尊崇，认为这株造型类似雄性生殖器官的奇特树枝象征无穷的生命力。近年来，每年秋收时

◆广西壮族自治区来宾市忻城县欧洞乡里苗村坡贯屯；东经108.7309°，北纬24.3312°，海拔286m。
◆树高27m，胸径2.07 m，平均冠幅37.0m。
◆种植于明朝正德年间，至今树龄约500年。

节，当地村民都会举行隆重的祭拜社公树、祈求社福活动，届时全屯民众都来祭拜古樟，祈求家族兴旺、老少平安。

与坡贯屯一溪之隔的宜州区波利屯也有一株树龄相仿的古樟，其树干茎部有一舟形凹槽，当地人称这两棵树为“夫妻树”。波利屯村民认为村里的这棵古樟不吉利而将其伐掉。伐根外长出一株榕树，长大后，树干茎部又呈舟形凹槽，乡人戏称之为“樟公榕母”。1958年，群众又将“榕母”伐去，不久，波利村头又长出一株樟树，枝干茎部呈凹槽状。此树至今胸径0.4m、高约25m，亭亭玉立，与波贯屯的古樟隔溪相望，群众风趣地称之为“老夫少妻”。

四、西南古樟树

西南地区一般指重庆、四川、贵州、云南、西藏等省（自治区、直辖市），地形比较复杂，导致水、光、热时空分布不均，气候类型多样。西藏自治区为独特的高原气候，云贵高原为亚热带季风气候，这两地虽然植物物种丰富，但樟树分布稀少。当前发现的古樟树主要分布于四川盆地及周边山地的中亚热带季风气候区域内，本书选出重庆2处、四川2处、贵州1处的古樟树予以介绍。

◇ 重庆清源宫香樟王

位于江津区石蟆镇清源宫大门左侧的香樟树，高大挺拔。《石蟆乡志》记载，这棵香樟树是明代正德五年（即1510年）修建石蟆场“清源宫”庙宇时所栽，迄今已有500多年树龄，是古庙百年沧桑的见证。

因树龄大、树形挺拔、树体完整、观赏性强等原因，2011年该树被评为重庆“香樟树王”和重庆“旅游形象代言树”，成为石蟆镇清源宫的一张旅游名片。石蟆镇是重庆市的第一批历史文化名镇，清源宫为市级文物保护单位，在历史的长河中，石蟆人的故事在代代流传，传统民俗文化也日久弥香，香樟树的年轮承载那些往日风霜故事，等待游人的聆听。

温馨提示：
正在治虫
小心枯枝伤人

◇ 重庆龙潭双古樟

古树位于原渤海乡政府所在地，现为酉阳县法院第二人民法庭（当地俗称“二法庭”）驻地，此处有一片古樟树群，古樟20多株，最大一株古樟主干粗壮挺拔，枝下高约6m，枝干舒展。

据当地村民介绍，在很久很久以前，缺木的孩子出生后，长辈们就会带着孩子，带上香烛红纸，在樟树下跪拜，在树身上贴红布（纸）、烧香，算是认这棵樟树作干爹，求得树神保佑，可保平安健康。另有说法是，凡有幼儿生病，其父母也会带来树下祀拜，并也将红布缠绕到树上。这株当地有名的古老香樟树上现在仍缠绕多条红布。

距离酉阳县法院第二人民法庭不远，也有一株同样古老的樟树，位于梅树村耿家店一片民房中，主干粗壮挺拔，枝下高约2m，树枝上长满槲蕨。据说也是初植于明朝武宗正德年间，树龄约500年。

二法庭古樟

◆重庆市酉阳县龙潭镇梅树村（二法庭）；东经108.9605°，北纬28.7932°，海拔306m。
◆树高34.3m，胸径2.09m，平均冠幅23.0m。
◆种植于明朝武宗正德年间，至今树龄500年。

耿家店古樟

◆重庆市酉阳县龙潭镇梅树村耿家店；东经108.9602°，北纬28.7926°，海拔314m。
◆树高23.0m，胸径2.33m，平均冠幅25.2m
◆种植于明朝武宗正德年间，至今树龄500年。

保护古树
人人有责

◇ 四川笔架山古樟

古樟位于合江县笔架山景区云台寺门外左侧崖边，传说为明代种植，高逾20m，枝叶葱茏，团团如盖。树上长满青苔，满目沧桑，枝蔓纵横，盘旋屈曲，遮天蔽日，形若华盖，颇为壮观，为笔架山的镇山之宝。

◆四川省泸州市合江县笔架山景区云台寺门外左侧；东经105.7833°，北纬28.8122°，海拔638m。
◆树高26m，胸径1.61m，平均冠幅30m。
◆传说种植于明代嘉靖年间，至今树龄450多年。

笔架山因形似笔架而得名，又名少岷山、安乐山，是四川省级风景名胜区。笔架山的山体具有典型的丹霞地貌特征，有仙人洞等自然景点28个，碑林等人文景点8个。当地流传着隋代著名道士刘珍在此修炼、晒丹，得道羽化升仙的故事，早在隋朝，笔架山就成为川南黔北一带道教文化中心。云台寺始建于南北朝时期的梁代（公元502年），是泸州市级文物保护单位。

◇ 四川江阳香樟王

江阳香樟王位于分水岭社区金凤路边，高大挺拔，独树成景，远远看去像一把撑开的巨伞，近观则可见枝叶幢幢，浓荫遍地，古树根部璘珣如板。香樟王已历经数百年暴风骤雨的磨砺，见证了小镇几百年的荣辱兴衰。当地人非常珍爱它，砌起围栏保护，亲切称之为“香樟王”，视它为古镇的“神树”“风水树”“吉祥树”。人们常常在这里

◆四川省泸州市江阳区分水岭镇分水岭社区金凤路；东经105.5793°，北纬28.8140°，海拔394m。
◆树高21.5m，胸径2.55m，平均冠幅31.0m。
◆种植于清朝康熙年间，至今树龄300多年。

祈祷，说它能保佑古镇人远离灾害，健健康康，一生平安。

分水岭古镇可谓“非遗之乡”，不但有国家级非物质文化遗产——分水油纸伞制作技艺，还有省级非物质文化遗产——民间文化火龙节、市级非物质文化遗产——滩滩酒制作技艺等。

◇ 贵州田底古樟

田底村是2013年列入中国第二批传统村落名录的村寨，聚族而居的侗族村民依山傍水建起了众多的木楼，鳞次栉比。田底村的特色是古木参天，随处可见高大的香樟树，数量达到50多株。其中，最大的一株胸径达到惊人的3.20m，后来因铺路填埋，现在只见到主干上方分出的五支粗大枝干耸立在路旁。

据村中老人介绍，从当初迁徙定居这里的祖先开始，田底村就形成了敬畏古树、保护古树的传统，村中高大的樟树更是备受推崇，被视为山神化身，大家都相信古樟树能守护一方水土，庇佑村寨兴旺。村民中仍保留着认契古樟为“爹娘”的习俗，大年初一时以多种物品去树下祭拜。

◆贵州省从江县西山镇田底村；东经108.9959°，北纬25.7176°，海拔260.0m。
◆树高20.8m，胸径3.20m，冠幅32.0m。
◆种植于清康熙年间，至今树龄300年。

◇ 贵州小翁古樟

依山傍水、古树成群的小翁村被誉为“香樟侗寨”，寨内的香樟古树与侗族鼓楼、风雨桥、吊脚木楼等侗族特色建筑交相辉映。小翁村人爱树、护树、敬树，把古樟视为神树，至今村中仍保存着30多株高大的香樟古树。

◆贵州省从江县西山镇小翁村；东经108.9925°，北纬25.7166°，海拔200.0m。
◆树高30.0m，胸径2.09m，冠幅35.0m。
◆种植于清康熙年间，至今树龄300年。

五、港澳台古樟树

港澳台是对中国香港特别行政区、澳门特别行政区、台湾省的统称。北回归线穿过台湾岛中南部，将台湾岛南北划为亚热带季风气候与热带季风气候，整体气候夏季长且潮湿，冬季较短且温暖，樟树资源十分丰富。台湾省樟脑和樟油产量曾居世界首位，一度占世界总量的70%，有“樟脑王国”之称，当前仍保存着较多的古樟树，本书中介绍了其中最有名的2株；香港居民笃信传统风水和风俗习惯，也保存着众多的古树资源，本书介绍其中1株；澳门则因气候原因，无古樟树资源，暂无收录。

◇ 香港社山神木

社山村后风水林内有多种原生树木与珍贵物种，当地政府在1975年将其列为具特殊科学价值的地点。在这片风水林中，挺立着全港最大的樟树，又称“社山神木”。此树在高约2m处分成2个粗枝（其中一枝下有一大洞，树皮剥落），但树冠仍然树叶茂盛，站在树下，看着这株宽大而粗壮的古樟，可以感觉到古树自有一股灵气，其古厚气象堪比山体宽迈的峰峦。

由于树形出众，此巨樟已被香港康乐及文化事务署编入《古树名木册》，也成为游人到访社山村时必游的景点。

◆香港特别行政区新界大埔区林村乡社山村；东经114.1452°，北纬22.4502°，海拔195m。
◆树高25.0m，胸径2.96m，平均冠幅32.0m。
◆约种植于明朝万历年间，至今树龄超过400年。

◇ 台湾月眉泽民树

“泽民树”位于台中市后里区月眉村，为同根并干的巨大樟树，树底盘根错节，如一把打开的大伞，枝干奇特，状若蛇龙向两旁延伸，分别有70～80株枝干林立，枝叶茂密，树冠覆盖范围达1000m^{2}以上，数年前因病虫害侵袭而锯断部分因罹病坏死的枝干时愕然发现其树干上的年轮竟已达五百年以上，因此肯定此树定有千年以上的树龄。

当地居民认为树中必定有“树神”居住在树中，视其为神树，树下建有“福德祠”以便祭拜。据说日据时期

◆台湾省台中市后里区月眉村云头路45-1号；东经120.6978°，北纬24.3176°，海拔125m。
◆树高20.0m，胸径5.25m，平均冠幅20.0m。
◆种植于北宋前期，至今超过1000年。

修路挖到树下，工人不敢砍断树根，日人监工动手锯断后不到一星期即生病，送医后仍不治而死，为当时人远近闻知。

古樟原名“樟公树”，1982年4月根据时任台湾省主席的意见易名为“泽民树”，取其“泽披乡民，与天长久，与地同大”之意。国民党前主席洪秀柱的父亲曾是月眉糖厂员工，洪秀柱在糖厂宿舍区出生，此树为其儿时的嬉戏处。

◇ 台湾太平密境古樟

太平密境古樟位于台湾省台中市太平区光兴路1266巷的光兴靶场内，树形优雅，大大小小的枝干斑驳离奇，上面附生了许多植物，树荫覆盖面积760m^2。当地人专门在树基周围制作木栈道防止人们践踏树根。老樟树下长有一株2m高的小树，是小鸟衔来的种子长成的，一老一少，薪火相传。

相传太平内湖与大里七星山宝塔之间原有7株老樟树耸立，排列的方式像天上的北斗七星，所以先民也把它称为“七星仔”或“太平七星树”，作为辨识方位与堪舆之用，现仅存的这株古樟排位第四。村民们都相信老樟树有灵性，其茂盛枝叶可庇荫社区万事昌隆，树下为福德祠，供奉福德正神（土地公），香火旺盛，信徒常于农历初二及十六前来祭拜。附近还有古农庄文物馆、枫香步道等，为游憩的好去处。

◆台湾省台中市太平区兴隆社区光兴路1266巷；东经120.7321°，北纬24.1157°，海拔98m。

◆树高21.0m，胸径1.83m，平均冠幅15.6m。

◆种植于清朝康熙年间，至今树龄约330年。

参考文献

白保勋. 樟树在豫南引种驯化技术研究[J]. 河南林业科技，2005(04): 13-14.

蔡玲，安家成，陆顺忠，等. 黄樟油素型樟树芽诱导和增殖技术[J]. 农业研究与应用，2019，32(01): 10-15.

蔡燕灵，曾令海，连辉明，等. 樟树局部种源早期选择研究[J]. 广东林业科技，2013，29: 7-12.

曹先爽，王进，张瑶瑶，等. 香樟MK基因的克隆与生物信息学分析[J]. 热带作物学报，2017，38(12): 2302-2309.

曾进，何正和，潘洋刘，等. 不同施肥种类及用量对芳樟生长及抗性生理的影响[J]. 中南林业科技大学学报，2018，38(06): 50-55.

曾进，潘洋刘，刘娟，等. 磷钾肥对芳樟生长及产油量的影响[J]. 林业科学研究，2019，32(4): 152-157.

曾令海，连辉明，张谦，等. 樟树资源及其开发利用[J]. 广东林业科技，2012，28: 62-66.

陈彩慧，伍艳芳，肖蓉，等. 樟树WRKY转录因子的克隆与表达分析[J]. 分子植物育种，2016，16(15): 4872-4879.

[唐]陈藏器.《本草拾遗》辑释[M]. 尚志钧辑释. 合肥: 安徽科学技术出版社，2002.

陈登雄，李玉蕾，姚清潭，等. 立地因子对芳香樟工业原料林含油率和含醇率影响的研究[J]. 福建林学院学报，1997，17(4): 326-330.

陈晓明，韦璐阳，刘海龙，等. 配方施肥对芳樟枝叶产量和含油率的影响研究[J]. 西部林业科学，2012，41(05): 68-72.

范水荣，不同施肥方式对樟树幼林生长的影响[J]. 农村经济与科技，2019，30(17): 68-69.

付宇新，江香梅，罗丽萍，等. 不同化学类型樟树叶挥发油成分的GC-MS分析[J]. 林业工程学报，2016，1(2): 72-76.

龚峥，周丽华，张卫华，等. 樟树组织培养快繁育苗技术研究[J]. 广东林业科技，2007，23(5): 35-39.

关传友. 论樟树的栽培史与樟树文化[J]. 农业考古，2010(1): 286-292.

胡冬英，徐大满，储梦龙，等. 樟树精油主要化学成分概述[J]. 林产工业，2019，56(11): 61-64.

胡连真，谢江华，黄素萍，等. 香樟引种栽培试验初探[J]. 河南林业科技，2001(01): 30-33.

胡良文，廖文梅，金志农. 樟树经营效益研究[J]. 南昌工程学院学报，2017，36(4): 54-58，64.

黄秋良，谢亚兵，袁宗胜，等. N、P、K处理对芳樟油料林生理生化的影响[J]. 防护林科技. 2020，2: 41-43.

黄秋良，袁宗胜，蒋天雨，等. 微生物菌肥对芳樟苗高生长的促生效果分析[J]. 安徽农学通报，2020，26(1): 101-103.

黄秋良，袁宗胜，谢亚兵，等. 微量元素和有机肥对芳樟油料林精油含量及品质的影响研究[J]. 安徽农学通报，2020，26(06): 126-127.

纪永贵. 樟树意象的文化象征[J]. 阅江学刊，2010，2(01): 130-137.

江香梅，伍艳芳，肖复明，等. 樟树5种化学类型叶片转录组分析[J]. 遗传，2014，36(1): 58-68.

江燕. 芳樟醇型樟叶精油中主要成分变化规律的研究[J]. 香料香精化妆品，2018，6: 1-3.

荆礼，郑汉，姚娜，等. 樟树4-二磷酸胞苷-2-C-甲基-D-赤藓醇激酶基因的克隆及表达分析[J]. 中国中药杂志，2016，41(9): 1578-1584.

黎祖尧，陈尚钘. 江西樟树[M]. 南昌: 江西科学技术出版社，2015.

李芳，金志农，黎祖尧，等. 樟树种子性状及对生境因子的响应[J]. 江西农业大学学报，2017，39(01): 92-100.

李芳，黎祖尧，金志农. 樟树育苗技术研究进展[J]. 江西科学，2015，33(03): 330-334.

李昉. 太平御览(全9册)(精)[M]. 上海: 上海古籍出版社，2008.

李飞. 中国樟树精油资源与开发利用[M]. 北京: 中国林业出版社，2000.

李全发，王宝娟. 樟树不同叶龄叶片的光合特性研究[J]. 福建林业科技，2011，38(04): 78-80.

李时珍. 本草纲目[M]. 北京: 商务印书馆，1954.

李涛，韦丹，陈思同，等. 中国树木文化研究进展[J]. 福建林业科技，2019，46(1): 134-140.

李锡文. 中国樟科植物一些修正[J]. 云南植物研究，1988，(04)：489-492.

李学勤. 字源[M]. 天津：天津古籍出版社，2012.

李悦，刘娟，于志民，等. 采伐措施对香樟生长及光合特性的影响[J]. 江西农业大学学报，2018，40(6): 1171-1177.

梁晓静，朱昌叁，安家成，等. 小叶芳樟扦插育苗技术及其不定根形成机理[J]. 广西林业科学，2020，49(01): 7-12.

林丽平，徐期瑚，罗勇，等. 广东省樟树立木生长规律和生长模型研究[J]. 中南林业科技大学学报，2018，38(6): 23-29.

林翔云. 芳樟提取液在家庭卫生领域的应用[J]. 中华卫生杀虫药械，2015，21(3): 321-322.

林雅慧. 芳樟油气相抗菌机制的研究[D]. 广州：广东工业大学，2012.

刘文泰. 本草品汇精要[M]. 北京：商务印书馆，1956.

朱季海. 说苑校理，新序校理[M]. 北京：中华书局，2011.

刘新亮，章挺，邱凤英，等. 造林密度对材用樟树幼林生长和蓄积量的影响[J]. 中南林业科技大学学报，2019，39(3): 23-27，60.

龙光远，刘银苟，郭德选. 樟树扦插试验报告[J]. 江西林业科技，1990(1): 1-6.

罗彬莹，刘卫东，吴际友，等. 干旱胁迫对樟树幼苗光合特性和水分利用的影响[J]. 中南林业科技大学学报，2019，39(05): 49-55.

莫开林，费世民，吴斌，等. 时空分布对油樟精油含量的影响研究[J]. 四川林业科技，2015，36(6): 93-94，26.

潘晓华. 樟树居群遗传多样性及遗传结构的RAPD分析[D]. 福州：福建师范大学，2004.

彭海源，乔玉娟，崔永志. 河姆渡遗址七千年古木鉴定研究[J]. 东北林业大学学报，1986(S3): 1-3.

钱迎倩，马克平. 生物多样性研究的原理与方法[M]. 北京：中国科学技术出版社，1994.

秦政，郑永杰，桂丽静，等. 樟树叶绿体基因组密码子偏好性分析[J]. 广西植物，2018，38(10): 1346-1355.

邱凤英，杨海宽，刘新亮，等. 不同密度樟树幼林生物量和碳密度研究[J]. 江西农业大学学报，2019，41(5): 938-945.

邱群. 材用樟树子代测定及优良家系选择[J]. 安徽农学通报，2017，23(9): 99-107.

曲芬霞，陈存及，韩彦良. 樟树扦插繁殖技术[J]. 林业科技开发，2007(6): 86-89.

任华东，姚小华. 樟树种子性状产地表型变异研究[J]. 江西农业大学学报，2000(03): 370-375.

施雪萍. 樟树体细胞胚再生体系的优化和转化*Barnase*、*PaFT*基因的研究[D]. 武汉：华中农业大学，2009.

石皖阳，何伟，文光裕，等. 樟精油成分和类型划分[J]. 植物学报，1989，31(3): 209-214.

宋爱云，陈辉，董林水. R APD 分子标记在鉴定香樟优选株和普通株中的应用[J]. 应用与环境生物学报，2003，9(3): 263-265.

孙文凯，树木的文化价值及运用. 枣庄学院学报，2010，27(03): 49-51.

覃子海，李俊福，施瑜，等. 樟树不同月份枝叶的芳樟精油含量及主成分分析[J]. 2015, 44(4): 428-430.

谭桂菲，武建云，吴际友，等. 15年生香樟人工林生长规律研究[J]. 广西林业科学，2018，47(1): 41-46.

唐国涛，张汉永，朱昔娇，等. 樟树组织培养试验[J]. 福建林业科技，2013，40(2): 70-72.

汪信东，李振华，温强，等. 樟树5种化学型遗传分析及分子鉴别[A]//第三届中国林业学术大会论文集[C]. 福州：2013: 1-6.

王军锋，黄腾华，安家成，等. 材用和油材两用人工林樟树木材构造对比研究[J]. 西部林业科学，2019，48(6): 15-20.

王军锋，谭桂菲，宋恋环，等. 15年生香樟人工林木材物理力学性质研究[J]. 广西林业科学，2020，49(01): 26-29.

王坤，安家成，朱昌叁，等. 不同化学型油用樟树叶片解剖结构特征及其抗旱特性[J]. 南方农业学报，2019，50(11): 2525-2531.

王年金，张盛剿，钱小娟，等. 樟树地理种源幼林期生长性状差异分析及优良种源初步选择[J]. 浙江林业科技，2009，29: 69-72.

王宁，董莹莹，苏金乐. 低温胁迫下2种樟树叶片超微结构的比较[J]. 西北农林科技大学学报(自然科学版)，2013，41(07): 106-112.

王宁，袁美丽，苏金乐. 几种樟树叶片结构比较分析及其与抗寒性评价的研究[J]. 西北林学院学报，2013，

28(04): 43-49.
王芃，张党权，章怀云，等. 樟树叶化学成分的GC/MS分析[J]. 中南林业科技大学学报，2010，30(10): 117-120.
韦乃球，李耀华，何俏明，等. 广西樟树不同部位鲜、干品挥发油成分的GC-MS分析[J]. 中国实验方剂学杂志，2013，19(23): 125-128.
魏永平. 樟树种源/家系早期生长性状与选择[J]. 福建林业科技，2020，47(2): 1-5.
魏志恒，潘军球，吴际友，等. 坡向及土层厚度对15年生樟树林分生长的影响[J]. 中南林业科技大学学报，2018，38(7): 32-36，44.
吴幼媚，王以红，陈晓明，等. 芳樟醇型樟树组培快繁优化技术[J]. 林业科技开发，2010，24(06): 78-81.
伍艳芳，肖复明，徐海宁，等. 樟树全基因组调查[J]. 植物遗传资源学报，2014，15(1): 149-152.
肖世栋. 闽楠、木荷与香樟造林效果分析[J]. 安徽农学通报，2019，25(1): 118-119.
邢建宏，刘希华，陈存及，等. 樟树几种生化类型及近缘种的RAPD分析[J]. 三明学院学报，2007，(04): 433-437.
徐有明，江泽慧，鲍春红，等. 樟树5个品系精油组分含量和木材性质的比较研究[J]. 华中农业大学学报，2001，20(5): 484-488.
晏增，马永涛，罗晓雅，等. 香樟的几种繁殖技术[J]. 河南林业科技，2012(4): 76-79.
杨德轩. 不同基质对香樟扦插苗生长的影响[J]. 四川林业科技，2016，37(03): 110-111.
杨逢玉. 树木文化属性在《园林树木学》教学中的应用[J]. 长春教育学院学报，2013，29(14): 92-93.
[南宋]杨士瀛，等. 仁斋直指方[M]. 上海: 第二军医大学出版社, 2006.
姚小华，任华东，孙银祥，等. 樟树种源/家系苗期性状变异分析[J]. 林业科学研究，1999，(03): 3-5.
姚小华，任华东，孙银祥，等. 樟树种源/家系早期性状变异及选择研究[J]. 江西农业大学学报(自然科学)，2002，(03): 330-335.
姚晓强，张继昌. 浅谈河姆渡文化中的医药卫生知识[J]. 史前研究，2002(00): 281-286.
叶润燕，童再康，张俊红，等. 樟树茎段组培快繁[J]. 浙江农林大学学报，2016，33: 177-182.
殷国兰，周永丽，鄢武先，等. 香樟扦插育苗试验[J]. 四川林业科技，2011(6): 99-101.
张栋，高秀芬. 不同樟树无性系造林效果比较及施肥对其幼苗生长的影响[J]. 防护林科技，2019，03: 27-29.
张国防，陈存及. 福建樟树叶油的化学成分及其含量分析[J]. 植物资源与环境学报，2006(04): 69-70.
张国防. 樟树精油主成分变异与选择的研究[D]. 福州: 福建农林大学，2006.
张谦，曾令海，蔡燕灵，等. 樟树自由授粉家系生长与形质性状的遗传分析[J]. 中南林业科技大学学报，2014，34(01): 1-6.
张谦. 芳樟醇合成中选择性氢化反应的研究[D]. 杭州: 浙江工业大学，2006.
张婷. 芳樟醇通过激活GADD45α/JNK信号通路选择性诱导淋巴细胞白血病细胞凋亡的研究[D]. 杭州: 浙江大学，2007.
张欣宇，陈尚钘，熊万明. 樟树精油提取及成分分析的研究进展[J]. 广州化工，2017，45(12): 11-13.
张新时. 现代生态学的几个热点[J]. 植物学通报，1990(04): 1-6.
张笮晦，童永清，钱信怡，等. 香樟化学成分及药理作用研究进展[J]. 食品工业科技，2019，40(10): 320-333.
张志杰. 樟树人工林经营效果分析[J]. 绿色科技，2014，(07): 87-89.
赵姣，范慧慧，张杰，等. 坡位对芳樟矮林生物量空间分配和精油产量的影响[J]. 中南林业科技大学学报，2020，40(4): 9-13.
赵姣，章志海，张海燕，等. 6-BA对樟树矮林萌芽更新特性和精油产量的影响[J]. 南昌工程学院学报，2019，38(6): 45-49.
南宋赵汝适. 诸蕃志[M]. 上海: 上海古籍出版社, 1993.
郑海军. 香樟生长效果分析与评价[J]. 防护林科技，2019，7: 32-34.
郑汉，荆礼，姚娜，等. 香樟1-脱氧-D-木酮糖-5-磷酸还原异构酶基因*CcDXR1*的克隆和表达分析[J]. 药学学报，2016，51(9): 1494-1501.
郑汉，虞慕瑶，濮春娟，等. 香樟甲羟戊酸-5-磷酸激酶基因*CcPMK*的克隆和表达分析[J]. 中国中药杂志，2020，45(1): 78-84.

郑红富，廖圣良，范国荣，等. 芳樟精油的成分分析及其含量随时间变化的规律[J]. 南方林业科学，2020，48(1): 21-25，37.

郑红富，廖圣良，范国荣，等. 芳樟精油的开发与利用研究进展[J]. 广州化工，2019，47(5): 17-19，108.

郑红建. 香樟组培快繁技术研究[J]. 林业科技开发，2012，26(1): 103-105.

郑孔明. 不同坡位樟杉混交林生长效果分析[J]. 安徽农学通报，2018，24(14): 69-70.

中国植物志编辑委员会. 中国植物志(第31卷)[M]. 北京: 科学出版社，1982.

钟永达，刘立盘，李彦强，等. 中国樟树初级核心种质取样方法与策略研究[J]. 西南林业大学学报(自然科学)，2020，40(4): 1-13.

钟永达，田晓娟，李彦强，等. 材用樟树研究进展[J]. 江西科学，2017，35(6): 859-863.

周丽华，蔡燕灵，曾令海，等. 樟树优良家系的组培育苗技术研究[J]. 热带作物学报，2013，34: 67-73.

傅洁莹，周平. 西方文化源流[M]. 上海: 上海大学出版社，2008.

周霆，盛炜彤. 关于我国人工林可持续问题[J]. 世界林业研究，2008(03): 49-53.

朱昌叁，梁晓静，李开祥，等. 不同类型肥料对广林香樟无性系萌芽林生长和含油率的影响[J]. 广西林业科学，2019，48(3): 398-403.

BATISTA PA，WERNER MF，OLIVEIRA EC，et al. Evidence for the involvement of ionotropic glutamatergic receptors on the antinociceptive effect of linalool in mice[J]. Neuroscience Letters，2008，440(3): 299-303.

CAMARGO SB，SIMES LO，DE CAM，et al. Antihypertensive potential of linalool and linalool complexed with β-cyclodextrin: effects of subchronic treatment on blood pressure and vascular reactivity[J]. Biochemical Pharmacology，2018，151: 38-46.

CHAW SM，LIU YC，WU YW，et al. Stout camphor tree genome fills gaps in understanding of flowering plant genome evolution[J]. Nature Plants，2019，5: 63-73.

CHEN C，ZHENG Y，LIU S，et al. The complete chloroplast genome of Cinnamomum camphora and its comparison with related Lauraceae species[J]. Peer J，20175(2): e3820.

CHEN CH，ZHENG YJ，ZHONG YD，et al. Transcriptome analysis and identification of genes related to terpenoid biosynthesis in Cinnamomum camphora[J]. BMC Genomics，2018，19: 550-565.

CHEN JL，TANG CL，ZHANG RF，Ye SX. Metabolomics analysis to evaluate the antibacterial activity of the essential oil from the leaves of Cinnamomum camphora (Linn.) Presl. Journal of Ethnopharmacology，2020，253: 1-10.

CHENG Y，DAI C，ZHANG J. SIRT3-SOD2-ROS pathway is involved in linalool-induced glioma cell apoptotic death[J]. Acta Biochimica Polonica，2017，64(2): 343-350.

GUNASEELAN S，BALUPILLAI A，GOVINDASAMY K，et al. The preventive effect of linalool on acute and chronic UVB-mediated skin carcinogenesis in Swiss albino mice [J]. Photochemical & Photobiological Sciences，2016，15(7): 851-860.

LINCK VM，DA SA，FIGUEIRÓ M，et al. Effects of inhaled Linalool in anxiety，social interaction and aggressive behavior in mice[J]. Phytomedicine，2010，17(8): 679-683.

LINCK VM，DA SA，FIGUEIRÓ M，et al. Inhaled linalool-induced sedation in mice[J]. Phytomedicine，2009，16(4): 303-307.

MA L，DING P，YANG GX，et al. Advances on the plant terpenoid isoprenoid biosynthetic pathway and its key enzymes[J]. Biotechnol Bull，2006，s1: 22-30.

NEWMAN JD，CHAPPELL J. Isoprenoid biosynthesis in plants: carbon partitioning within the cytoplasmic pathway[J]. Crit Rev Biochen Mol Biol，1999，34(2): 95.

PARK SN，YUN KL，FREIRE MO，et al. Antimicrobial effect of linalool and α-terpineol against periodontopathic and cariogenic bacteria[J]. Anaerobe，2012，18(3): 369-372.

PEANA AT，D'AQUILA PS，PANIN F，et al. Anti-inflammatory activity of linalool and linalyl acetate constituents of essential oils[J]. Phytomedicine，2002，9(8): 721-726.

T Peana，D'Aquila P-S，Panin F，et al. Anti-inflammatory activity of linalool and linalyl acetate constituents of essential oils[J]. Phytomedicine，2002，9(8): 721-726.